The 12 Rules of Attention

专注力的12项训练

随时进入最佳状态

[美]约瑟夫·卡迪罗(Joseph Cardillo) 著

How to Avoid Screw-Ups, Free Up Headspace, Do More, and Be More at Work

中国青年出版社
CHINA YOUTH PRESS

图书在版编目(CIP)数据

专注力的12项训练：随时进入最佳状态/(美)约瑟夫·卡迪罗(Joseph Cardillo)著；周雁洁译.
—北京：中国青年出版社，2022.5
书名原文：The 12 Rules of Attention: How to Avoid Screw-Ups, Free Up Headspace, Do More and Be More At Work
ISBN 978-7-5153-6592-3

Ⅰ.①专… Ⅱ.①约… ②周… Ⅲ.①注意—能力培养—通俗读物 Ⅳ.①B842.3-49

中国版本图书馆 CIP 数据核字(2022)第029228号

专注力的12项训练：随时进入最佳状态

作　　者：[美]约瑟夫·卡迪罗
译　　者：周雁洁
责任编辑：肖妩嫔
文字编辑：张祎琳　黄　婧
美术编辑：张　艳
出　　版：中国青年出版社
发　　行：北京中青文文化传媒有限公司
电　　话：010-65511272 / 65516873
公司网址：www.cyb.com.cn
购书网址：zqwts.tmall.com
印　　刷：大厂回族自治县益利印刷有限公司
版　　次：2022年5月第1版
印　　次：2025年3月第2次印刷
开　　本：787mm × 1092mm　　1 / 16
字　　数：130千字
印　　张：16
京权图字：01-2020-6220
书　　号：ISBN 978-7-5153-6592-3
定　　价：59.00元

赞誉之辞

主动调控和训练专注力的方法以一种循序渐进的方式艺术地、巧妙地推进。在幽默和乐趣中，与你的大脑对话，随时进入最佳状态。

——欧内斯特·罗西博士和凯瑟琳·罗西博士，

《米尔顿·艾瑞克森作品集》作者

卡迪罗博士引导我们关注自我内心平衡，与自己的大脑进行对话，逐步训练和优化专注力系统，进而减少焦虑，提升能量。

——哈里特·纽曼·莱夫，两次获得托尼奖的百老汇制片人

这是一个有趣的、拓展思维的概念。对于引起专注力不集中的更隐蔽、更基本的内部原因，你开始看到其核心内容。我们有时候可能意识不到大脑的自动化机制对我们产生的影响，但这并不意味着我们必须保持这种状态。通过科学的训

练提高自己的专注力和选择专注的能力。卡迪罗博士之前曾做客《运动医生》节目，他的新书《专注力的12项训练》是一个充满智慧的全垒打！

——鲍勃·威尔博士，运动足病医生，《运动医生》节目主持人

“了不起！”约瑟夫关于注意力的最新著作，基于他长期以来的科学研究和实践经验。你可以通过实践立即意识到它的魔力，在你的职业生涯中，训练你的专注力会为你带来意想不到的积极改变。

——雪川信太郎，日本白鸥大学教授，日本感情心理协会主席

卡迪罗博士的作品对我来说是珍贵的，在我生命中的某些时刻，他的书帮助我调整好自己的状态，我会利用那些卓有成效的方法精心打造梦想中的生活。

——迈克尔·斯特拉汉，足球名人堂成员，主持人

卡迪罗医生说：把你的疲惫、你的分心与你游荡不安的心交给我。他有明确的方法来理清杂乱的思维，提高专注力。他激励我们的学生跳出固定框架思考问题，学生们很喜欢阅读他的书，并且可以按照书中实际又简单的操作步骤提升自己的专注力。

——梅丽莎·曼兹，蒙特沃楚西特社区学院高级学术顾问

目 录

前　言

现今，许多职场人士的大脑专注力贫瘠，由此产生的影响也十分惊人，十多年来，企业已经将目光锁定在这一问题。企业这样做，也是不得已而为之。相关的统计数据让人震惊：例如，位于美国西雅图的薪水调查公司PayScale最近进行了一项调查，访问了63,924名经理。调查报告称，有56%的大学毕业生在工作中不注重细节，每一年，为了这些因粗心大意所犯下的错误，美国公司需要支付高达6,500亿美元的费用，而这还不是专注力不集中问题对公司产生的全部影响。就公司而言，具有高水平专注能力的员工已经非常抢手。为此，本书将帮助你训练专注力，使之变得敏锐精准、高度集中，并且能一直保持此种高水平。而且，我向你保证，读完本书之后，你的收获绝不仅仅止于避免在职场上出糗。

你觉得你能够完全掌控自己的专注力吗？你每天在职场上的工作效率、幸福感和成就感如何？你可能会问，这些和专注力有什么关系呢？有这个疑惑很正常。这个问题的答案，可能会有助于清除和解决在职场上一直广泛存在的个人焦虑，其中包括工作失误，但是，其作用绝不仅止于此。简而言之，你在职场上和在其他地方的所思、所感、所做，都与专注力有关。这几乎是难以想象的，但待你读完本书之时，我希望你不仅能理解这是怎么一回事，而且还会变得乐于启用你头脑中的专注力机器，并将其调节到能给你提供最大优势的程度。想想看，如果不是你自己在调控专注力，那么，你就会受制于自己的专注力。

也许此时你会疑惑："既然如此，那为什么大家没有尽可能地学习有关如何训练自己专注力的一切知识？"原因在于：在一天的工作中，不管你觉得自己像个行尸走肉，还是觉得自己像核反应堆一样能量无限，无论你在一天中是顺风顺水，还是觉得自己像是活在但丁笔下的《炼狱》里，当你在处理事情的时候，大部分发生在你大脑中的事情，你是察觉不到的——这些事情发生在你的潜意识中。潜意识是一个幽暗隐蔽之所，你大脑的专注力网络就位于此处，迸发影响力。当我们每天的工作都很顺利的时候，我们中的大多数人，不管是多精明的人，都会忽略发生在我们脑中的这些奇妙活动，智商也与此没有太大关系。我们很少会问："我可以做些什么，让事情变得更好？"当我们付出了努力，但还是搞砸了一些事情时，我们脑子里的警报才会响起，我们开始思考："怎么会这样呢？""我当时在想什么？""我怎么做才能回到正轨？"

试试这样做！

我们花点时间，玩玩下面这个小游戏。回答下面的每个问题时，快速大声地说出你想到的第一个答案。中途不要停下来——回答要快——答完为止。

棉球是什么颜色的?

打印纸是什么颜色的?

棉花糖是什么颜色的?

西式婚纱是什么颜色的?

雪是什么颜色的?

奶牛早餐喝的是什么?

在回答最后一个问题的时候，10个人中有8个人都会答牛奶，等他们意识到自己说了什么的时候，都会忍俊不禁。这个游戏有不少不同的版本，然而，它们想要传达的要点是一样的：设计这些问题，是为了让你真真切切地感受到，当你专注力不集中的时候，你的大脑是如何做出决定的。在职场上，另一个类似的例子是，你过早地答应了同事的请求，但其实你心里已经知道自己承担了太多的工作，或者是，你突然透露了自己没有权限透露的消息。事实上，一整天下来，在做出这些决定的时候，你根本没有参与决策环节，只是被迫接受大脑所做出的选择。大多数人都没有意识到，很多决定都是在这种情况下做出来的。例如，你大脑里的专注力系统能决定你是抑郁沮丧，还是精神抖擞；决定你如何看待他人（以及他人如何看待你）；决定你提出见解的深度、频率和准确度（或者是你到底能不能提出任何见解）；决定你在职场上犯错、成功和获得发展的频率。这些因素加在一起，决定了你在职场上的幸福感和职业发展能力。问题是，“你能控制住这些因素吗？还是它们正在控制着你？”我在过去20年间的专注力研究使我认识到，我们至少可以在生活中的重要时刻把握住控制权。学会此项技巧并将其加以运用，能给你的日常工作提供很大帮助，助你获得成功。

生物进化让每一颗健康的大脑（我们大多数人都拥有一颗健康的大脑）都有能力控制我们去关注什么事物，还能控制我们专注力的质量。这种能力由我们的执行专注力驱动——一种去选择关注一个细节，而相对忽视另一个细节的能力，即使这样做意味着我们必须克服来自更强烈冲动的诱惑。可以把这种能力想象成你专注力系统的首席执行官，这一机制让你有能力决定自己专注力的质量和日常工作情况。

来看看以下信息：盖洛普咨询公司（Gallup）最近的年度报告显示，在美国，有55%的职场人士表示会在工作中感觉到压力，有超过一半的人不满意自己的工作。令人吃惊的是，我们中间有82%的人认为，自己最强的才能没能在工作场合中发挥出来——这些都是与专注力有关的问题。这些问题往往会像滚雪球一般，衍生出更多的问题，包括：

- 员工经常缺勤、迟到、出现倦怠。
- 生产力下降。
- 工人提出赔偿要求。
- 人员更替率上升。
- 因工作相关压力，产生医疗保险费用。

这些都是相互关联的，当你在工作中感到不快乐和有压力时，往往很难好好地专注于手头上的工作。当你专注力不能高度集中的时候，很容易就会感到不愉快，进而陷入一个恶性循环之中。因此，了解专注力机制是如何运作的，以及你该如何训练这一机制，可以给你提供很大的帮助。《专注力的12项训练：随时进入最佳状态》一书将涵盖这两方面的内容。

不必扔掉你的电子设备

近十多年来，不少人指责技术，将职场上出现的分心和错误大部分归咎于技术，但是，背后的原因真的只是技术吗？今日今时的挑战在于，职场中人，在管理精力和情绪等方面，都日渐力不从心。我们认为都是技术害得自己分心，时至今日，这种推责于技术的说法已经存在太久了。我更倾向于使用一种还原主义的方法，来探究当今人们专注力低下的问题。从这个角度来看，对于将技术认定为唯一的罪魁祸首、不再往下深究的观点，我持谨慎态度。我认为如果我们有这样的想法，就无法改变现状。回忆一下，就在一代人之前，有线电视台也遭受了同样的抨击。在此之前，承受此责难的是广播和电话。事实上，自古希腊开始，每一代人都会提出类似于是人类的进步导致了专注力下降的观点。

想象一下古代原始人，他的大脑和我们的大脑的认知力差不多。他们在猎杀一头鹿的时候，试图保持专注，但环境中存在着无数干扰性因素，比如热、冷、雨、昆虫和其他共享同一环境的生物。所有这些因素，在我们日常想要实现某些目标的时候，其所带来的情绪和认知干扰（还有由此引发的深思）都会影响到我们。自古以来，我们身边总会有过多的细节信息；自古以来，总会有能让我们分心的事物；自古以来，我们都得选择需要在什么地方保持专注。

我并不反对技术设备让当代人分心这一说法，但这远非问题的全部。我和其他家长一样，全力支持对儿童使用的设备进行严密监控，限制其使用，对于因使用这些设备而引起的全方位的心理和生理成长变化，我也和大家一样担忧。此外，本书并不否认在我们忙于日常工作的时候，设备发出的声音或亮光会干扰到我们；

也不否认有人会在工作期间，一心扑在查看不必要的电子邮件或拨打不必要的电话上面，这种做法会对个人和公司都产生影响。然而，这些活动都是表征，不是病源。我们不会忽视这些活动，但我要做的，是找到更深层次的原因。

有大量的研究表明，新的技术进步有潜力促进更快速、更精确的专注力保持和学习技能的习得。这一结论，很可能不会有太多的人去谈论或者探讨。就像许多生活中的工具一样，消耗脑力的不是技术，而是使用技术的方法。

在此后的章节中，你将会看到一系列导致专注力不集中的基本（更加生理性的）原因。本书向你展示如何能够实现和保持敏锐、精准和持久的专注力，特别是在工作中的重要时刻能做到这一点。你将会学习：

- 如何运用你的整个专注力系统。
- 如何避免专注力慢慢消退。
- 如何以及何时运用意识、正念和专注力，而三者是相对独立的。
- 一个缓解过程，缓解信息过载、因内部原因导致的分心、因外部原因导致的分心。
- 通过扫视如何获取信息，如何捕捉更多想要获取的细节。
- 如何调节你大脑中自动且高速的专注力触发器，让它们为你所用。
- 以及更多技巧……

当然，我会提到技术是如何消耗你在工作场合的专注力，以及为了让自己少受技术的影响，你能做些什么。但我向你保证，对于如何锐化你的专注力，我们的关注点不会止步于此。我们将继续深究，探索引起这种现象的更隐蔽、更本质的原因。在这段阅读之旅中的某个时间点，你会感到自己正在用一束光照向月亮的阴暗面，因为对于引起专注力不集中的更隐蔽、更基本的内部原因，你开始看到其核心内容。

在此基础上，我将帮你找到方法，应对这些以及其他大量的专注力杀手——既有内因，也有外因。同时，你将能在日常工作中运用积极的专注力提升模式。简而言之，你将用全新的、高速的、精准的专注力回路重建你的大脑，以实现个人的日常和长期规划。最棒的一点在于，你能将自己的专注力训练得多敏锐，这是没有上限的。我承诺，从今天开始，你将获得全新的、更丰富的职场体验。

本书的目的

《专注力的12项训练：随时进入最佳状态》旨在做好一件事：如何训练和优化大脑的专注力系统，使之更敏锐、更精准、更持久。你将了解什么是优秀的专注力、什么会扰乱专注力、如何增强专注力，以减少工作中的失误，并引导你在职场上精益求精、在个人生活中收获幸福。好消息是，你不需要拥有博士或硕士学历就能开始这项培训计划，只需了解基本知识，就会产生很大效果。请记住，你能将专注力训练得多敏锐、多快速，这是没有上限的。

THE 12 RULES OF ATTENTION

第一章

你会和大脑有效交流吗

法则 1

与大脑对话。对大脑说，它应该关注你的专注力集中方式。

让我们从两个常见的职场案例说起。一次日常的经历，让数据收集专家杰克对自己关注已接受信息的方式产生了怀疑。根据其工作要求，他每周一下午3点都要参加部门会议，会议场所通常位于他所处大楼的底层，在一个遥远的角落里，而他的办公室在五楼，二者相隔甚远。每周一，公司会给所有部门成员发一封例行邮件，提醒会议的时间、地点。在某个周一，杰克注意到会议改到了另一个地方举行。时间离下午3点越来越近，他正在审阅一份需要在当天工作结束前发出的电子文件，距离开会还有15分钟的时候，他关掉了文件，确保自己有足够的时间走去开会。他把电脑包背在肩上，一手拿起一大堆文件，一手拿起咖啡。在去会议室的半路上，他希望自己手上要是没有这杯咖啡就好了，手上太多的东西搞得他有点手忙脚乱。当他到达会议室时，他发现门是锁着的。过了一会儿，他反应过来，放下手上的东西，重读了上午的部门邮件。“难怪，”他现在想起来了，“换会议室了。”事实上，更改后的会议地点，距离他的办公室仅有几秒钟路程。杰克独自站在走廊里，忍不住骂了几句。随后，他重新振作起来，心情沉重地回到起点，心想："我的脑子里到底在想什么？"

在城市的另一端，苏珊，一个房地产经纪人，正在开车穿过城市，她要去一个开放参观的待售房子里和潜在客户见面。她在一个红灯前停了下来，脚踩着刹车，感觉很愉快很放松——难得一见的好心情。突然，红绿灯对面的汽车开始向前行驶，于是她也慢慢地加快了速度，几乎是在同时，迎面而来的司机们按响了喇叭。和杰克一样，过了一会儿她才意识到发生了什么事情，她看了看后视镜里的其他车辆，都还等待着他们这一边的绿灯亮起，信号灯现在还是红灯。她脑海中有一个小声音惊呼道："姐们儿，你可上点心吧！""我的好心情就这么没了。"她想。

严格来说，这两起事件都不一定是专注力不集中或分心造成的。与其关系更紧密的，是每个人的专注力集中方式。如果你是人类，这类过失就难免会发生。不过这种事情不仅会发生在人类身上，还会发生在小型和大型的动物身上，甚至还会发生在设备身上。例如，烟雾探测器会触发错误警报，手机会突然向某个号码发送消息［我的手机曾经打过911（美国报警电话），两辆州警车随后就出现在我家的车道上］，还有一系列其他装载人工智能的设备也会出现这种情况。Siri、Alexa（亚马逊推出的人工智能应用）或 Cortana（微软推出的电子助手应用），尽管这些应用很厉害，但是，它们会根据自己对你所提出请求的理解，找出一大堆特别奇怪的信息，谁没有过这种经历呢？有时，发生的状况会十分搞笑。与我们不同的是，机器不会像我们一样去进行反思。不过，错误总归是错误。

在杰克和苏珊的例子中，二人的专注力机制出现了一次短暂的临时中断。他们的这一系统本身是开启的，但却并没有战略性地开启——也就是说，他们专注力的焦点并没有聚焦到正确的事物上。要做到这一点，就需要对细节进行更周密的选择，这就是所谓的选择性专注力——有意识地选择要注意的目标。（举个例子，在这段话中随便选一个词，并专注于这个词）相反，杰克和苏珊的专注力机制处于自动运行模式，当这种情况发生时，大脑中所有的设置、输入和反应是由专注力机制做出决定，然后将决定发送给你，而不是由你来做出决定。更重要的是，这三种机能都是自动且快速的——在几毫秒内就能触发——而它们在“自动运行”时，你对此是没有意识的。训练法则1（与大脑对话。对大脑说，它应该关注你的专注力集中方式）是为了提醒你，你的专注力正处于自动运行模式。

在心理学上，自动回路被称为自动化。事实上，你的大部分日常行为都是自动触发的，在这些情况下，大脑是在尽自己的本分而已，这是大脑应该做的工作。然而，就像朋友们试图做一些他们认为是为你好的事情一样，自动化有时并不会是对你最有利的。其结果是，无论你多么聪明，你总会遇到这样或那样的头脑骗术。你会想，“得去参加周一的会议”（此处可以替换成你在日常工作中的某个场景），通常情况下，你的大脑会无意识地设置好“GPS”，然后以闪电般的速度根据这一GPS做出调整，选择你去该地最常走的路线。这些都是条件化和自动化的反应，从一个神经元传达到另一个神经元，嵌入大脑并保存于此，以备后用，每次大脑认为你需要这些信息的时候，这些信息就会发射出来。听了这些，如果你觉得自己就像是一个机器人，确实如此。无论好坏，我们生来如此，一整天下来，我们都是以这种方式做出大部分决定。我们不必妖魔化这些快如闪电的机械式反应，我们的大脑就是这样构造的。在接下来的章节中，我将详细介绍一些基本和创造性的用途，以及这些非凡、高速的自动化回路的优缺点。你对如何调控这些回路的知识掌握得越多，你就会越依赖和享受调控这些回路。

所以同样，当事情还算顺利的时候，我们不会过多地考虑我们的专注力机制。我们天生就觉得一切尽在自己掌控之中，就像杰克和苏珊一样，只有在事情不顺的时候，我们才会开始怀疑到底是怎么回事。因此，尽管有无数的理由告诫我们，不应坐等错误发生。原因之一就是这样不利于我们在职场上拿出最佳表现，但是，我们通常还是会坐等错误的发生，等到错误发生时，我们的动机往往是为了避免在未来再出现麻烦。真正的问题是，我们可以无数次地告诉自己，要多加注意，但同样的烦心事只会不断发生，因为只有我们向大脑发出信息，我们要接过大脑首席指挥官的位子，并对其进行监管以及调控，情况才会有所改观，在此之前，大脑会自动地为我们做出所有决定——但并非总是做出正确或最好的决定。我们需要与大脑对话，告诉它需要关注我们的专注力集中方式，我们向它发出打算参与其决策过程的信号。这意味着我们将会监控我们的专注力之光在何时、何地、如何以及以何种强度发光发热。

你可能会惊讶地发现，与大脑对话是很容易的，大脑是一个很好的倾听者。但是，它很快就会忘掉你说过的话，目的是：（1）保护你免受信息过载的影响，这也是大脑的本职工作；（2）扔掉大脑认为不重要的信息，这样大脑就可以节省能量，将这些能量用在你最需要的地方。不过，这并不是什么很大的困难，因为你只需对其进行干预即可，可以给大脑发送另一条信息，方法是利用大脑最喜欢的一种信息传递形式——信息重复。你的大脑喜欢信息重复，其构造就是为了关注重复的信息。

事实上，你可以利用重复信息来提示你的大脑，让它知道，你认为有些信息很重要，不想大脑将其抹去，包括你希望大脑能保留得更久、更深层的细节信息。大脑会很配合地促进这一过程。你希望你的大脑把专注力放在交通灯是什么颜色

上，而不是其他更无关紧要的细节上。你可以训练这种反应，直到颜色成为大脑默认的专注力焦点，要做到这点并不难。

试试这样做！

我建议在工作中出现重要的事情之前，做这个和大脑对话的小活动，我称之为自我扫描。自我扫描可以识别出你的专注力应该聚焦的细节，使你不会被次要信息淹没，防止重要的专注力回路关闭，让你的专注力之灯失去焦点。这一活动可以帮助你盘点当你的专注力正在发挥作用时，你的脑海中发生了什么事情，没有发生什么事情。首先，好好地放慢呼吸，放松一下，把你的专注力想象成一盏聚光灯，选择你要把灯光瞄准何处。接下来，问自己这些问题。

- 我此时此刻身在何处？
- 我想要努力做成什么事情？
- 在这种情况下，我应该努力做什么？
- 这种情况下，别人认为我应该做什么？
- 我所处的环境有什么要求？（例如，需要避免能使人分心的元素。在一个大房间里，需要更仔细地聆听才能听到消息，诸如此类。）
- 在过去类似的情况下，我做了什么？
- 我想做些什么与上次不同的事情吗？
- 如果想做，该怎么做？

这个练习可以慢慢来做，不用担心速度。速度早晚会提上来的，你练习得越多，就能越快做完这个练习。运动员、急救人员和军人都会使用类似模型，以便让自己的头脑几乎是瞬间进入状况，帮助学习非常复杂的动作和技术，直到他们不需要思考这些问题，就可以超快地调整好状态。在本书的最后，你也能做到这一点。此处给你一个提示：你只需要多了解一些关于自动化及其潜力的信息。专注力训练在这一方面的内容非常重要，我们将在接下来的章节中进一步讨论这些能力。

我建议多多重复做这项练习，这将有助于将自我扫描深深地印在脑子里，使其形成自动化。这样做还会将自我扫描的过程转移到其他的日常工作活动中，以同样的方式帮助你更好地关注这些活动。为了达到这个目的，我建议你把手机利用起来，把这些问题拍下来，储存在手机或记事本上。这样，你就可以在有需要的时候查看复习这些问题，直到这一程序在脑海中根深蒂固。

大脑喜欢的语言

反思，指的是事后对某一场景中的具体内容进行想象或思考，这又是另一种大脑喜欢的语言，大脑会积极响应这种语言。我强烈推荐将反思与自我扫描相结合，在选定一种工作环境后，二者的结合可以立刻发挥最大效果，之后，还可以再帮助你有选择地回顾一天工作中的某些部分。双管齐下让你有更多的控制力，让专注力发挥更大功效。反思让你既可以调整或删除现有的行为反应，也可以开发全新的行为反应。我们在前面例子中提到的杰克和苏珊，二人都会从这个活动中受益。

反思还可以暴露出一些行为之上的自动化反应。当你在回顾中审视自己的行为时，你可以更容易地看到哪些行为是自动触发的，还是你有意识地选择的。你也可以设想当下一次出现同样的状况时，你希望事情会如何发展。通过在脑海中重复这个场景，试想几次新的（你希望会出现的）行为，你会开始将这种情况和这些行为根植到你的长期记忆中。当你反思时，你可以添加任何你会在下次做的不同事情。就你的大脑而言，不管你是在脑海中操练，还是在真正的日常工作场合中练习你所选择的行为反应，这都没有关系。大脑将倾听并开始跟随你的变化。你只需要与大脑对话，就能实现这一目标。反思能助你变强，而且耗时很短。

可经常使用这一技巧。记住，重复信息是你的大脑最喜欢的语言之一。与大脑对话吧，大脑将会处理和存储你所选定的、经过编辑的行为，以供后用。然后，等下一个时机在现实中出现时，你的大脑将会为你提供助力。

选择性专注力机制

稍微了解一下在专注力回路发挥作用时，“高高在上”的大脑如何运转，能在很大程度上帮助你和大脑开展对话。让我们来一探究竟吧。

心理学家将专注力定义为你在工作记忆（快速的短期记忆库）中放入的东西（数据），可以用来激活程序，以实现即时目标。虽然我们的专注力指挥链包含了一些不同元素，但在此处，我们主要指的是选择性专注力。你的大脑的注意系统是一种电化学机制，其运作就像一个超级复杂的取物系统：瞄准一条信息，将其加入你的工作记忆中，并把它和储存在工作记忆中的其他信息联系起来，创造出能够完成任务的流程。你的选择性专注力机制让你有发言权，决定可以考虑哪些细节，忽略哪些细节。所有这些活动都发生在你的大脑的柔软、灰暗组织中，在那里没有实际的图片或地图或数字，只有“特特特特特”的急促电脉冲声音，那是你的神经元（脑细胞）互相对话的声音（听起来像快速的嗞嗞声），神经元位于一连串的神经化学物质中，这些化学物质使你在每个时刻都能体会到某种感觉——例如，满足、兴奋、焦虑、平静，这些感觉在你的脑海中可能表现为“这个责任真麻烦”“这个职责正是我所期待的”等。这些火花和化学物质决定了你如何去经历、开展、感觉、记录和记忆每天的工作。比如说，当你正在打电话的时候，一个同事突然出现在你的办公室里，你如何应对（电话和同事）将由你的自动化决定，或是由你调节后的专注力功能决定。在这种情况下，你的语气很容易会因自动化影响而变得急躁，但你可以从过去的情况中汲取经验，控制住自己，转而用更柔和的语气说话。

你的大脑终究是想帮你完成它认为你想完成的任务。在杰克的例子中，他想去参加每周的部门会议，根据长期以来的模式，他的大脑很快就提取出细节，并将他领上了习惯走的那条道路。然而，虽然他收到了更改地点的通知，但他的大脑并没有很好地记录这一信息，该信息也因此没有得以保存。如上文所示，杰克在收到信息时，以及在动身前去开会前，如果他做了自我扫描，很可能会带来不同的结果。在苏珊的例子中，她之后应该反思这个动作，对其进行编辑和重复，这会有助于识别出和削弱功能失调的自动回路，并最终取代这些回路。

现在，你来花点时间思考一下在自己工作经历中的几个类似例子，看看你是否能发现是什么引发了错误行为，并考虑下次如何以不同的方式做事。

无意识触发点

正如我们所讨论的那样，你的行为、日常决策、感受、一些私人和职业错误很大程度上都是在无意识的过程中形成的，这使得关注你的专注力运行模式变成一项有趣的任务，有时还是一项棘手的任务。因为你的大脑希望你认为你可以掌控全局，如此它才可以悄悄地成为真正的掌舵者。正如我们所指出的，你的大脑想要抛弃它认为不重要的信息，这样它就可以提醒你注意潜在的危险，还可以节省能量来保护你免受潜在的伤害。基本上，大脑希望将能量引导用以做出是否要直面问题的决策，以及与即将开始的任务相关的决定。

与你的大脑对话，其中就包括识别无意识触发点，这些触发点会在实际上操控你的行为，除非你能意识到它们的存在，并改变它们。本杰明·李贝特（Benjamin Libet）是加州大学旧金山分校的一位神经心理学家，他在20世纪80年代进行了一些可信度很高的测试，测试结果一致证明了这些触发点的力量。李贝特一次又一次地展示了在你自己真正有意识地做出决定之前，大脑是如何利用无意识触发点来替你做出决定。

为了证明他的观点，李贝特让志愿者参与做一项简单的任务，如按下按钮或弯曲手腕。他要求志愿者使用计时器来记录他们有意识地决定做出该动作的时刻，连接到志愿者头部的脑电图传感器可以监测他们的大脑活动。测试结果显示，在参与者自己做出决定之前，在平均半秒（往往会更久）的时间里，有他们意识不到的大脑活动去启动该动作。半秒听起来可能不长，但足以论证李贝特的观点。李贝特的实验颠覆了人们长期以来对心理因果关系的认知：只有在头脑做出决定之后，大脑和身体才会有所行动。

思考一下这个例子：你打电话给一个客户，询问一件敏感的事情，但她没有接电话，为了掌控这一局面，你很快就决定给她留一则语音留言——就好像你最初决定给她打电话，为的就是留下一则语音信息。李贝特揭示出，这其实是大脑在做决定，决定做出之后，我们才真正思考这一问题，时间在半秒左右。你有没有觉得规定参加的工作培训完全是在浪费时间？这些感觉，是否也是由大脑替你所做的决定产生的，而不是由你自己所做的决定产生的？答案是肯定的。我们一直都是这样的吗？不，并非如此，但是，我们处于这种状态的次数，比我们想象的要多。

大卫·韦格纳（David Wegner），一位以其对自主意志这一论题的贡献而闻名的社会心理学家，坚持认为这种让我们误以为自己处于控制地位的幻觉，是头脑最拿手的把戏。正如李贝特所证明的那样，我们经常意识不到，我们的反应常常就像Siri一样，是在服从命令（在这种情况下，命令来自我们的大脑）。回到语音信息的例子，在没有调节的情况下，很有可能出现的情况是：你头骨中的电化学反应（你对此是没有意识的）做出决定，让你给客户留下了语音信息，而不是你自己有意识地做出了这一决定。谁没有很快地留过语音信息，或者在与顾客、客户、上级、下级对话时，语气措辞过于严厉，并在瞬间就后悔这种行为？谁没有懊恼地想过：“为什么啊，我刚才为什么会这样做？”

想想看，你每天在工作中，有多少决定是以这种方式做出来的——不加思考、不受监控的行为，决定每天重要的事项，点燃你的情感。如果就像李贝特演示的那样，当你仅仅是弯曲手腕而已，你的头脑就已经在帮你做决定，那么其他更重要的行为又会如何呢？例如，你和你的人生伴侣是否是以这种方式首先吸引到对方的？你是否以这种方式决定从事一种职业，拒绝另一种职业；以这种方式选择一位雇主，拒绝另一位雇主呢？你是否以这种方式决定雇用或解雇某些人、决定居住在某地、决定是否结婚、决定其他诸如此类的事情？我们可以做什么（如果真的有我们能做的事情的话）来获取真正的控制权？有可能存在真正的控制权吗？这些问题在心理学上都是值得探讨的。

在核心层面上，这些在专注力上的失败，并不是由于手机、电脑游戏或股市应用程序让我们犯错。很抱歉，我们不能将责任推到其他事物身上——为了我、你或其他任何人，我们都不能这么做。引起这种专注力不集中问题的，不是技术，而是更深层次的核心原因，而且是一种生理原因。不管你是否愿意接受，我们才是引起问题的原因。

好消息是什么呢？只要你开始要求你的大脑关注其专注力集中方式，这一切就可以开始改变。

专注力漏洞

好吧，我们所有人都有能力像机器人一样行动。但再次提醒大家，请记住，这也有一些好的方面。所以，在我们开始做一些能帮助你立刻获得舒缓和开展调节的额外练习之前，我来讲一个轻松的故事，让你开心一下，这个故事讲的是专注力程序漏洞，我们任何人身上都可能出现这种漏洞。

一天晚上，我认识的一个人去买了一些生活用品。他结账出来以后，看到了一位朋友，两人就聊了好一会儿。第二天早上，他想找昨晚买的东西，但是找遍了整个房子都找不到，他把自己的车也搜了一遍，心里焦急地回想，自己买了哪些东西是需要冷藏的。他的思绪聚焦到了和朋友的聊天上，当时他们是站在超市门口聊天的，难道东西是落在那里的购物车上了吗？脑子里有了这个画面，大脑开始掌控我们的行为。他开车回到商店，给他们看了他的购物小票，询问有没有人发现了这些东西。没有人见过这些东西，不过商店又让他把清单上的所有产品都拿了一遍，而且不收任何费用，商店能这样做，他觉得是十分体面的行为。当天晚些时候，他妻子在她的车后座上发现了第一次买的那些物品，他终于想起，前一天晚上他是开妻子的车去的超市，并不是开他自己的车。但由于事出反常，他的专注力自动地认为要去自己的车上找杂货，因为这与他平时的习惯一致。

类似的事情很容易就会发生，一旦这些事情开始发生，并形成一种体验，我们就会认为自己的思维、逻辑和行为都在我们的掌控之中。但很多时候，事实并非如此，我们傻傻地被大脑耍了一顿，每一个决定都是大脑为我们做出来的。这种情形会发生在我们每一个人身上。

无论是在开始新岗位工作时做出了太多的承诺，还是在大脑自动运行模式下跑错了会场，或是找不到自己买的生活用品，在这些情况下，都出现了一样的大脑专注力硬件失调。如果我们试图关注所出现的每一个细节，这无异于异想天开，但你可以通过更有规律地监控你的专注力，反思和重置无意识触发点，聚焦重要细节，进而解决问题。就从今天开始这样做吧。

你要变得更强，且保持好状态，那就和你的大脑对话吧。对大脑说，它应该关注你的专注力集中方式。

★ 练习篇 ★

建立基准线

本练习将帮你认识自己的专注力聚光灯的光线强度。当专注力运转良好的时候，你会有什么样的感觉。这将帮助你建立良好专注力的个人基准线，以后，你将能够认识到你偏离了自己的基准线有多远，或是正好符合基准线。如此一来，你可以开始按需做出自我调节。

1. 先关注身边环境中的任何一件事物，最好是工作中的一项任务。

2. 问问自己："此刻，我的专注力有多敏锐？"

3. 按以下标准给自己的专注力敏锐度打分：

1星：散漫/心不在焉。

2星：精力需要大幅提高，因过于沉闷/疲惫而无法集中专注力或因过于兴奋而无法集中专注力。

3星：可以集中专注力，但精力需要上下微调。

4星：专注力和精力都很好。

5星：专注力和精力都很好，很敏锐，速度也快。

4. 在记事本上记下这个评级，包括日期、周几、具体时间、地点和工作任务，这将是你建立基准线的开始。

5. 在当天再重复做几次这一练习，看看你的评分是提高了还是变低了。

思考一下是什么出现了变化，这样你会看到是什么元素（内因或外因），以及是什么样的任务，对你的专注力产生了影响，把这些要素记录下来。

你将在此后的章节中使用这些基准线信息。我希望你建立的基准线，可以显示出你的专注力在何时处于低等质量、中等质量或高等质量的范围内，这样你就能知道专注力位于每一个范畴的时候，你会有什么样的感觉及其对工作的影响。当我们在后面的章节中增加专注力提升技巧时，你可以利用你的基准线来确定你在何时需要运用这些技巧，你想要达到什么效果，以及该运用哪些技巧。

自我扫描与反思

如果你还没有将本章中的自我扫描和反思结合在一起使用，现在是一个开始的好时机，重读一下第23页和第24页的相关部分。我建议可以慢慢开始，每天（或在几天内）选择一个活动来尝试这些技巧，直到你习惯了这个过程。

THE 12 RULES OF ATTENTION

第二章

认识你的思维模式

法则 2

意识、正念和专注力，三者各不相同。

单独运用其中一种，便可增强其他二者。

三者协调运作可延长你的专注力持续时间，为你提供更多能量。

对我们大多数人而言，能在一天工作中保持一个没有负担的思维模式，这听起来不错。我们越是有能力在工作中乘风破浪，工作就会越顺利。但毫无疑问的是，你已经发现，有时候你的一天过得并不顺利，不管你相信与否，你之所以会面临这种情况，失控的专注力与之有很大关系。另外，调控专注力，能助你迈向你所渴望拥有的思维模式，一种更放松、更轻松、更全神贯注的思维模式。了解你可以如何将意识、正念和专注力整合在一起，形成一个强大的心理—生理团队，就能让你拥有此种思维模式，让我们来看看该怎么做吧。

思考一下以下这个虚拟情景：你正在上班，在等一个之前说好要在上午10点打给你的电话，这个电话很重要，重要到你甚至在前一天晚上花时间准备了此次谈话的要点。现在，你已经提前去上班，在脑子里确定了谈话要点。然后，十点钟到了，十点钟又过去了，电话并没有来，白白空等一场。10：30左右，你的电话响了，就是你在等的那个电话。你愉快地接起电话，然而，你察觉到了来电者声音中的歉意和匆忙。在你大脑中的一个你意识不到的区域，你的头脑以闪电般的速度（毫不夸张，仅在几毫秒之间）更新正在输入的细节信息——计算你刚刚感知到的语气，并将其传输到一个心理（神经）数据收集处，此处有本次经历的信息，也有你曾遇到过的类似经历的信息。这些新建的联结将会创建你下一步的各种反应，关于反应的文件会持续更新，这将成为未来经验的来源之处，触发你在这些情况下会做出的行为和生出的感觉。你的脑海里有数万亿个这样的联结，每一个联结都是一个可能会发生的反应模板，塑造你在未来的经验。如果你像大多数人一样，让这些心理反应模板在你的意识没有主导大局的情况下激活你的旧习惯，它们就会这样做，之后，你就得忍受或处理由此所产生的结果。记住，大自然将你设计成这样，是为了帮助你处理信息过载，也是为了帮助你有效地使用心理能量。如果你想有针对性地站出来做出任何改变，自我调节将是你的不二之选。

让我们回到之前的例子，你拿起电话时注意到了来电者的语气。你已经可以感受到一个不祥的预兆："出了点问题，来电者很抱歉，但是……"突然间，你觉得所有的准备工作就要付诸东流了，你的意识正在走向你意想不到的地方，向你发出信息，告诉你，你即将出师不利。这可能是一种转瞬即逝的感觉，也可能是你在脑海中听到的一个声音，这个声音让你变得好斗，让你在心理上批判那些让你失望的人，或者这个声音会警告你："要当心。"不管是哪一种情况，你即将做出反应。接下来——意料之中的——该来的还是来了，来电者插话说，他现在根本没办法打电话。他提出下午5点再打给你，问你能否接受这样的安排。

答案当然是不能接受。当与客户约好的第一次联系时间到来时，你已经做好了相当充分的准备，你有意愿、也有能力去做好沟通。

我们都有过类似的经历。像这样的情况下，你的头脑根据正在传入的细节信息，不断做出预测，这一天生自带的能力影响着你所做之事的质量和结果。这个惊人的预测网络与你大脑的意识和专注力系统有关，是管理你日常活动的关键，更重要的是，这一大脑机器为做出此种预测所利用的心理文件会不断更新，将新的联结植入你的记忆中。这些新的联结，往往会在无形中影响着你集中专注力的方式，它们操纵着你，决定你会如何应对即将到来的目标和更加长期的目标，这包括眼前的工作任务，甚至包括未来的职业调整。

我得提醒你，这些在大脑内自然而然发生的对反应的黑客式侵入，没有人说它们必须是好的，或必须是坏的。然而，就像是在棒球赛场上一样，这些侵入可以决定你能打出全垒打，还是在上垒前就被三振出局，无论你是成功了还是搞砸了，这都与你如何整合这些机器有很大关系。在电话的例子中，意识到来电者的语气就是一个例子，脑内对反应的侵入能让你更容易预测来电者接下来会说的话，让这些话显得不那么出乎意料。这似乎是一个小细节，但它为你提供了一个先机，可以帮助将你的专注力引导到一个有利于你的反应上，还能让你加倍地关注那些可能会让你自乱阵脚的行为，所有这些都能帮你更轻易地避免犯下这些错误。在我们的心理资源工具箱中，我们大多数人并没有将意识、正念和专注力这三个网络区分开来。然而，将这三者区分开后，你可以开始调节这三个网络，你可以提升各自的力量和功效，进而影响到总体，让我们再进一步地进行分析。

如何做出预测

生物进化赋予了我们预测的能力。作为我们决定是否要直面问题的机制的一部分，预测能力帮助我们预测在环境中的攸关存亡的细节，如果没有这种能力，我们就会成为掠食者的盘中餐。因此，我们进化到能不假思索地对周围微妙的细节做出反应，一种特殊的气味、一片沙沙作响的树叶，或者一个转瞬即逝的黑影，这些都暗示下一步可能发生的事情。这种敏感度让我们能更快、更好地顾全自己。

已经有大量激动人心的专注力研究，关注了可预测性和不可预测性的作用，因为我们可以用这些脑回路做很多事情，这些回路让你的大脑能够记录它所经历过的事情（以及经历这些事情的频率），适应规律性，并根据最近的背景，预测即将出现的细节。在预测不准确的情况下，这些回路还允许你检测和更新联结，以加入意料之外的细节，对意外情况做出反应和更新（这样，下次再出现同样情况的时候，就不会显得那么出人意料了）。

从心理学上来说，由某一组细节所引发的特定动作发生的次数越多，你就越容易预测出该动作的发生。所以，回到我们在开篇所举的例子，你在同事、客户、上级身上经历过这样的电话或类似临时变更时间之事的次数越多，你就越有可能会去利用你存储在记忆中的信息。要记住，无论你是否能意识到，你的大脑都会保存这些信息，这样做可能是有益的，也可能是有害的——这取决于你所存储的信息和你使用这些信息的方法。如果你能让自己识别这些联结的能力变强，你就能更好地控制这些联结——也就是说，把它们留在脑子里或将其消除。

如不加以调控，你的头脑通常会对记忆中那些显著的（能吸引专注力的）细节信息做出反应，你可能会意识到其中的一些反应，但其他的反应——包括情感反应和其他反应——你都是意识不到的。我想要说的是：你需要发展、执行、影响你的意识感，还记得例子中来电者说话时语气中带有歉意的那个瞬间吗？在现实生活中错过这种细节信息，可能会导致灾难性的后果。为了应对类似场景而储存在脑海中、根深蒂固的自动行为很可能会劫持你的大脑。如果你过去的情况下的应对模式是快速脱身，那么你就有可能会自动地再做一次这种反应，你的意识对此根本没有发言权。

从生理学上讲，这些行为回路的发动速度非常之快，所以你可能会想："那我能够直接处理这一问题的概率是不是相当小呢？"但我向你保证，在接下来的章节中，你会学到不少策略，这些策略将有效地帮助你压制自己的条件反射，并最终帮助你让你的工作变得更加顺利。

让我举一个我自己遇到的例子。作为一个年轻学者，我遇到过一位老教授，大家都知道她很喜欢开玩笑。她曾经想出了一些（咳咳，注意了）让人终身难忘的问题解决之道，不过我必须得说，这些都是不值得推崇的方法。下面，我可以分享其中一种方法。

学术界的人都知道，在每年的某些时候，屋里的每一台复印机前都会排起长队。就在期末考试前，我要从一台复印机跑到另一台复印机，再跑到另一台，因为每台复印机前的队伍都很长。我飞奔到地下室，去看看那里的最后一台复印机前有没有人在排队，但是，那台复印机上挂了一块写着"机器故障"的牌子。当我徒步回到三楼时，排队的人居然更多了。最终，我又飞奔回地下室，心想我要做最后一搏，试着自己修理机器。

你猜我看到了什么？复印机旁有一位老教授，正在复印着东西——机器一点问题都没有。我一下子都没有反应过来，直到她看了看我，指了指那个牌子，把食指放在嘴唇上，说了声："嘘。"她咧嘴笑得非常开心，她骗了所有人，因为我们都"预测"到机器会因为需求量过大而坏掉。

此后，每当我看到那个牌子，我都会偷偷一笑，并预料到复印机是能正常使用的，我对之前一事的认知会立刻发挥作用。但有一次，我看到的牌子上写着

“暂停服务”，事实上，这一次，机器是真的坏掉了。在那之后，我意识到我必须区分老教授贴的指示牌和技术人员贴的指示牌（方法是辨别不同的文字和字样）。于是，我的大脑就把这个联结添加到了文件夹里，这样我就能区分不同的标志了。

养宠物的人也能感受到同样的原理，他们预计宠物在上午和下午的时候会饿肚子，于是他们学会预测宠物表示自己想进食的常规方法。有一天，如果宠物的行为出现不同，这往往会引发他们去关注宠物健康，尤其是在宠物年岁渐长的情况下。

你的大脑整天都在做预测，有时预测会出现在你思想中的最前线，例如，你有时能预测，会在预定的时间接到一个电话，或以某种方式完成一项任务。在其他时候，你的预测则是在后方运行，比如，当你去接孩子们放学回家时，你预期你的孩子在放学后，会在通常的时间通常的地点等你；同样，你可能预期到，那个不知道什么时候该“收手”的烦人同事，每当你与他在工作中相遇时，他都会打断你，让你不管去哪里都会迟到。你也可能会对比较遥远的事情做出预测，你可能会预测自己在7月放暑假，或者在两年后获得晋升。有时，你几乎意识不到自己的预测，比如，你预期在拨通手机号码后听到铃声。重要的是，你对一件事情的惊讶程度，与你对其能预期到的可预测程度密切相关，这与你的意识网络有关。

如果你的手机在拨号后突然关机，你可能只是略感意外，而不会因此惊慌失措，因为之前手机没电时，你经历过这种情况，你也知道自己最近忘了给手机充电。你能意识到这点，而且这个信息深植大脑，并写入了你的经验。

然而，你有没有试过拿起手机，想打一个电话，然后，在没有听到任何铃声的情况下，你就听到电话那头有人在说话——而你最终发现，是他们在给你打电话？遇到这种情况，你才会觉得惊讶（你的惊讶程度，取决于你此前遇到过多少次这种情况）。如果在拨通电话后，你的手机突然显示了一个不雅的视频，视频里说着你不知道的语言，那又会怎样？你可能会觉得更加惊讶，同样，这一切都将取决于以往的经验。是你的设置出现了故障？是黑客入侵？是你的手机彻底坏掉了吗？无论你会做什么，想什么，或感觉到什么，都将在很大程度上取决于你能多有效地操纵你的意识、正念和专注力。所以，让我们来深入了解一下这些软件。

意识

花点时间想象一下，我们在一个礼堂里，我站在礼堂前面开始做一个关于专注力训练的演讲。我将演示文档投影到屏幕上，用一个手持式遥控器来更换幻灯片，有些人看到了遥控器，有些人则看不到。现在，我走到房间后面，我让你们不要一直用眼睛看着我，而是从目前屏幕上的四张图片中任选一张，仔细观察其中细节。我走到后面，静静地站了一会儿。然后，我问你们是否还认为我在房间里，大家当然都回答："在。"我又问："在我说话之前，你们知道我站在那里吗？"同样的，每个人都回答："知道。"这就和你在家里看书一样，你知道自己在哪里，你不必一直检查周边环境，你或许也知道你的伴侣正在隔壁房间看电视。这就是意识，是一种延伸到你的专注力聚光灯外围的知觉，你可以随意支配意识。然而，通常情况下，你根本不知道自己可以意识到某些事物。在专注力训练过程中，我们要发现更多能利用这台机器来服务自己的方法。

例如，开车时，你可以意识到，两英里后将会有一个羊肠弯道，但同时也能将专注力集中在正前方的车流上。在你一边开车的时候，你会意识到一些细节信息，这些细节告诉你前方即将出现一个转弯。你大脑的意识机制几乎会立即校准你的专注力，使之集中在转弯处。

预期、可预测性和惊讶程度都受到你意识的影响，你意识到了某些细节，因此如果发生了与你的预期不同的事情，你可能会感到惊讶。如果你能够根据细节做出准确预测，你就不会感到那么惊讶（也许根本不会感到惊讶）。你以有利的方式完成目标的能力，也会受到这些变量的影响。在本章的后面，你将看到原因，以及读到如何在一天中利用这种倾向性，助你更轻松地达成目标，并保持这种好状态。

正念

正念可以理解为主要是与能量有关，正念本身不会对你所观察到的任何事物起反应。这样想吧：正念不仅仅是关于你当下的情况，相反，正念与增加你对当下情况的参与度的能量（货币）有关。例如，当你赋予声音更多的参与度时，声音会变得更清脆、更锐利、更清晰。正念的能量对你的经历也有同样作用，可以想象成是通过向上滑动手机的亮度条，增加手机手电筒的亮度。同样，通过提升你在当下的参与度的能量（正念），你可以增强自己的参与度，让专注力变得更加敏锐。当你感觉专注力过于散漫时，再一次利用你的正念机制来提升专注力。

试试这样做！

花点时间，来做一下这个简单的正念呼吸练习，这是一种快速提升正念的方法。

1. 把你的专注力放在呼吸上。

2. 把呼吸放缓放沉，这时，注意到你的能量会轻微上升。

3. 在每次呼吸中感受这一点。

4. 不管你现在的专注力集中在何处，将此次增加的能量(不管多微小)在心里(直接)放到那个事物上。

继续做呼吸练习，你应该感受到专注力轻微提升了，即你专注力的敏锐度变强了。为了在更长时间的活动中使用这一技巧，在整个活动过程中，你可以在不同的时间节点运用正念呼吸法。

如果你感觉做了这个呼吸练习后收效甚微，不必担心，你需要多练习几次，才能获得更好的结果。虽然单单做这个练习并不能大幅提升你专注力聚光灯的瓦数，但是这一练习肯定可以提供一些直接的缓解。我们会在本书中研究其他许多能提升正念的工具，特别是当这个基本方法所产生的能量已经不能满足你的需求的时候。

专注力

正如我们之前所定义的，专注力是一种电化学提取机制，它以某一信息为目标，把该信息带入你的工作记忆中，并与你存储在那里的其他信息联系起来，以创建能满足你需求的过程。这一信息可以包括预测和意识。

在没有意识或正念的情况下，专注力也可以发挥作用。虽然在这个领域，还有很多令人兴奋的研究等待着我们去做，但许多科学家已经证明，在你的专注力不集中的情况下，意识也可以发挥作用。举个例子，你可能正在电脑前工作，你的宠物小猫正趴在旁边的椅子上，虽然你正在关注电脑屏幕上的内容，但你仍然意识到椅子上趴着的小猫。你天生就能同时应对这两件事情。

从功能上而言，无需专注力的意识有助于削减你对专注力能量的使用量。记住，你的专注力能量供给不是无穷无尽的。你可能会觉得有趣的是，你能意识到其存在，但却没有特别注意的事情，可以继续对你的思想和行动产生影响。

整合的能量

请记住，虽然专注力是一种有限的精神货币，但其质量却没有上限。其局限性在于，在你的能量枯竭之前，你能在一项任务上消耗多少的专注力能量。如不加以调节，则会引起疲劳、失误、错失机会，让你整个人都处于不良状态中。一位武术专家曾经告诉我：“我们的身体是容器，只能容纳有限的能量。能量有好有坏，我们要做的是清空坏能量，替补上好能量。”我们已经看到，当你需要进入状态时，正念能提高精力，进而提升你的参与度。让自己意识到重要的信息，也会给你带来能量的提升。这样做可以保存下你需要应用到相关任务上的专注力，所有这些加在一起，会增加你的日常能量，产生更长的专注力持续时间。将意识、正念和专注力整合成团队后，其协作成果要大于其单打独斗时的作用总和。

预设你的意识网络

想想此前复印机的故事，或是关于羊肠弯道的例子。打个比方，仅仅是让自己意识到某事——在即时专注力的背景中，对某一可能会发生的特定细节信息有一种边际性感知——会给你的专注力提供更多的“胶水”。当在事情的自然发展过程中，这一细节跳出来时，如果你此前意识到它的存在，将使你的专注力可以更加敏锐地集中在这一特定的细节上。电视台就利用了这个概念，在电视屏幕的小侧边栏中显示即将播出的节目预告。电视台利用这种方法开启了你的意识机制，建立起你的预期，让你不会转台。最后，当预告的节目终于播出时，这就是你获得的奖励。将信息与身体的奖励系统联系起来，这会产生深远的影响。在这种情况下，当一个预期中的新闻片段终于播出时，这则新闻会像胶水一样把你粘住，吸引你留在这个频道——毕竟，你会想要得到自己的奖励。顺便一提，每当你让自己意识到边际信息，用以帮助自己记忆信息的时候，你是在做自我调节，腾出脑部空间（和页面空间），用来装载其他事情，增加了你回忆起所需信息的概率。当你真能回忆起来的时候，你会觉得很有成就感。这使得这一过程根植于头脑中，在你下次需要使用它的时候，该过程能更快更好地发挥作用。当涉及意识、正念和专注力应如何整合和协作时，今天的科学还处于探索更多新信息的阶段，然而我们现在可以肯定，如果没有我们一直在讨论的预测性意识，你可能不会多花时间在边际信息上，甚至当这种信息进入你即时专注力的范畴时，你可能会完全忽略它。例如，你在操作一台设备时，没有提前意识到其应急程序，那么当你需要这些重要细节信息的时候，你就不太可能注意到它们，尽管这些信息可能就摆在你的眼前。

回到我们之前提到的重新预约电话时间的例子，捕捉住来电者的语气是一个边际细节，对成功地打完那通电话很重要。在那个例子中，捕捉住语气可以让你更好地预测电话的发展方向，并给你提供必要的额外时间，以形成对你有利的回应。

严格来说，意识会让你更多、更长时间地关注细节，因此也可以比喻为胶水。相比之下，一个缺乏意识的观察者看到了细节，但其专注力下一步就转移到了其他正在流动的信息上，所有这一切发生在毫秒之间。因此，如果你寄希望于在流动着的信息中捕捉到一个重要的细节，那你得特别幸运才行，或者，你也可以依靠事先获得的一点帮助，而通过专注力训练即可获得这些帮助。

通过学习如何预设你的意识网络，你在很大概率上可以将关键信息附加到进行中的一个时刻，并像使用闹钟一样来使用意识。想想父母经常叮嘱孩子的这句话："过马路前要左看右看。"虽然并不能保证意外一定不会发生，但这句简单的叮嘱还是让无数孩子免于受伤。这也是因为，当重要的边际细节信息出现在实时的意识聚光灯下时，有预测性意识的人能更容易地捕捉到这些信息。

假设你在一个突发变化的情况下工作——统计预算数据、操作机器时需要快速调整，甚至是与一位霸道同事的沟通突然中断。如果你有预设的行为反应来开始引导你，那么你的反应能力会更加到位，为你的工作提供有利帮助。你的意识会润滑你头脑中无穷的感受、记忆和联结，让它们能作用于特定的情境。

下一个小故事的主角是美国航空公司的空姐麦蒂·彼得斯（Maddie Peters），故事讲述了一个无伤大雅的职场失误，结局也很愉快。这一故事强调了预测、可预测性、意识和专注力如何能发挥作用，引导出一个让各方都比较满意的结局。

在那一天，美国航空公司的CEO道格·帕克（Doug Parker）登上了从凤凰城飞往达拉斯的航班。正如麦蒂后来告诉记者的那样，"我们知道他要坐这次航班，所以必须保持最佳状态"。然而，尽管她意识到了这点，但还是有不可预知的事情发生了。据新闻报道，当时麦蒂正在为乘客提供饮料，"在过道上，走在她前面的人突然停了下来，向后退了一步，把她手上满满一托盘的饮料都撞飞了”，有一半的饮料洒在了麦蒂身上，其余的都洒在了道格身上。麦蒂在美国航空公司工作了4年，她后来说，自己此前从来没有遇到过这种事情，当时恨不得找个地缝钻进去。幸运的是，道格没有为难她。正如麦蒂所描述的那样，他“对此一笑置之，然后还去厨房让我安心。（我）问他，‘我被解雇了吗？’他说，‘当然没有。’”

我们很容易理解，也能体谅麦蒂觉得羞愧不已的反应，我们遇到过同样的情况，也做出过同样的反应。因为她此前从来没有把任何东西洒在任何人身上，出现这种情况后，在她的心理系统里，没有联结告诉她要如何应对这一状况。当时正在触发这些失效联结的，很可能是让她在那一天要好好表现的提示。

我之所以喜欢这个故事，原因在于意外难免会发生，但道格的反应也令人钦佩，幽默是解除不良氛围的好方法。幽默可以改变你自己的血液化学反应，让你不再惊慌失措，变得更加平静和乐观，这一效果也可以作用于其他人。道格的反应十分有分寸，帮助缓解了一个可能会恶化的时刻。更重要的是，他的反应让他看起来像一个好人，稳重且富有同情心，是一个真正的领导者。当然，对他和麦蒂来说，二人都从这次经历中收获了有用且积极的细节信息，在他们的记忆中得到了更新。这些新的联结（包括使用幽默）很可能会在未来引发两人的共情反应。

麦蒂可以提前做什么事情来防止意外的发生吗？几乎没有什么是她能做的事情，就像一句老话说的，“经验是最好的老师”。然而，每一次你遇到挫折的时候，你都可以通过做反思练习来加快学习进程，使其在你的脑中变得根深蒂固，正如我们前面所讨论的那样。

稳定你的专注系统

心理学家迈克尔·格拉齐亚诺（Michael Graziano）指出："除去意识，专注力应该就会开始摇摆。"他设计了一个实验来测试这一预测。在测试中，研究参与者会看着一个屏幕，每隔几秒钟，研究者就会快速地亮出一个圆点。有时参与者会注意到这个圆点，有时他们会错过这个圆点。这个小圆点每闪现一次，研究者都会测量参与者对它的关注程度。格拉齐亚诺提出假设，如果你预先意识到会出现这个圆点，那么当它再次出现在你面前时，圆点会吸引你更多的专注力。因此，你的专注力"应该在圆点出现后立即飙升，在圆点上稳定停留一段时间，也许在半秒后就会消失。如果你没有意识到会出现这个圆点，圆点应该还是会抢夺你的专注力，但随后对这个圆点的注意应该会出现波动，就像一台控制模式失效的故障机器一样"。

在格拉齐亚诺的实验中，不知道会出现圆点的参与者对圆点的关注，并不比知道会出现圆点的参与者少。但是他们的专注力会出现摇摆，这时预测性意识可以稳定参与者的专注力光束，并使其能更牢固地粘在一个特定的目标细节上——在实验中，细节就是那个圆点。有时，这种预设的额外专注力加持，是决定成败的关键！

试试这样做！

激活你的意识和头脑中预测情景的能力，这样做可以提高你的专注力以及在职场上的工作表现。

1.先确定你在一天或一周内经常参与的两项重要任务。在卡片或笔记本上写下一两项任务进行过程中，环境或细节可能会快速发生变化的时刻（如打电话和接电话、回复某些电子邮件、人际交流、使用电子产品等）。

2.写下任务的目的（如：你为什么要执行这项任务，为什么这项任务对你很重要，为什么这项任务对他人很重要，你的预期是什么，别人的预期是什么等）。

3.写下为了成功处理该任务，你应该在参与任务之前就意识到的两个最重要的细节，要写得具体一点。

4.在早餐时阅读你列出的内容，在一周内时不时也要阅读。

你也可以为写下的内容制作相应的图标，然后把图标发在手机上。这样一来，你就可以在活动前快速随机地复习几遍，还可以在活动前复习。我建议同时使用列表和图标两种方法。

无意识的专注力

你的大脑也可以关注它没有看到的东西。杜克大学-新加坡国立大学神经科学和行为障碍研究项目的谢伯让（Po-Jang Hsieh）博士及其同事认为，进化赋予大脑这种能力，可能就是让其作为一种生存机制（例如，在意识到灌木丛中有一个捕食者之前，大脑已经在缺乏这一意识的情况下，就认识到了这一点）。这来自一种需要，即在我们能够意识到我们可能感兴趣的细节之前，就需要将我们的专注力引导到这些细节上。

明尼苏达大学的认知神经科学家何生（Sheng He）及其同事进一步强调了这

一现象，他们证明，隐形的男性裸体图片能吸引女性的专注力，而隐形的女性裸体图片能吸引男性的专注力。这种潜意识图像，即使在被消除后，也能够对人们的专注力产生影响。研究表明，“在32次的实验过程中，当在一个横栏上显示隐形的裸体女性图像后，又出现加博尔斑点（Gabor patch，一种抽象图形），男性明显能更好地追踪加博尔斑点的移动。”“这种裸体驱动的聚焦对女性几乎同样有效，前提是显示的图像符合她们的性取向。”

在这个领域也进行了许多相关研究。例如，谢伯让及其同事做了一个实验，通过利用视觉弹出图像的出现，进一步检验了无意识的专注力这一概念。每个参与者都拥有一台显示器，向每只眼睛显示不同的视频。给一只眼睛显示的是五颜六色的、不断变化的图形，所有的意识集中到了那只眼睛上，这与大脑的工作方式是一致的。给另一只眼睛显示的则是一组静止的图形。大多数图形是绿色的，但有一个是红色的。然后对参与者进行测试，看看他们的专注力会集中到屏幕的哪一部分。研究人员发现，人们的专注力都集中到了那个红色图形上——即使他们根本不知道自己看到了这个红色图形。该实验验证了一种观点，即我们天生具备在意识到物体的存在之前就已经能注意到这些物体的能力。

然而，在另一个实验中，研究人员发现，如果实验参与者被一项费时费力的任务分散了专注力，那么参与者就不会在没有意识到红色图形存在的情况下注意到这一图形。实验论证了这样的观点：即使你没有意识到某事的存在，你也需要消耗一定的能量才能注意它。按照这个逻辑，工作中一项费时费力的任务，可以提供一种调节专注力的方法。想一想在日常工作中那些能劫持你脑力的事物，比如抑郁、恐惧和焦虑，或者意料之外的负面环境，即使你没有清楚地意识到这些事情的发生，你的专注力也会关注这些干扰因素，因此它们可以劫持你的专注力，进而影响到你当前的任务。

在这样的情况下，为了走出工作困境，你可能需要一项可以全身心投入的任务。事实上，有时候，你甚至不需要“知道”是什么让你陷入泥潭，加大你对当前任务的参与度（如果条件允许，也可以转去做另一项任务），或许能把你从一个糟糕的状态中解救出来，进入一个更好的状态。你还可以锦上添花，在工作之余做让你远离舒适区的一些活动，并且要全力以赴地去进行这些活动。我推荐像骑山地自行车、攀岩、远足、健身房的新课程、舞蹈、武术或力量瑜伽等活动。这些工作很好地帮助清除你的大脑空间，增加你的正能量，提供更深层次的缓解！有时候对你而言，小幅度地改变心境其实就已经足够了。

试试这样做！

探索发现自己的意识曾聚焦何处是很有趣的。下次当你下电梯、离开咖啡馆或下公交车时，回想那些和你共处一室的人。你对他们印象最深的是什么？是一张脸？是他们携带的一件物品？是一件衣服？追寻你思想和感情的脚步。为什么你的专注力会被这些具体的细节所吸引？你的答案可能会很有趣，很可能会揭示出在你没有意识到的情况下，脑海中发生的一些事情，这些事情也在影响你的思想、感受和表现。

自我意识

内在的自我是我们心灵船只的舰长，但是我们中的大多数人不会经常跟我们的舰长沟通，以求了解事情的进展。我们只会注意到有个微弱的声音在评论："该死的，我刚刚不应该那么做"，或者是"哎呀，我希望老板不要整天都对我发号施令"。我们经常缺乏自我意识。我建议每隔一段时间就腾出一些空间来放慢步伐，然后就可以和你自己对话。

有大量的研究表明，拥有自我意识，会让你在职场上有意地做出建设性改变。康奈尔大学工业和劳动关系学院的研究人员进行了一项研究，研究发现，在寻找领导人的过程中，人们并没有对自我意识给予足够的重视。尽管如此，研究结果显示，在寻找厉害的企业领导者时，自我意识应该是首要标准。事实上，研究人员强调，"在自我意识这一项获得高分，这点最能够预测出一个人是否足够优秀"。无论你已经身处领导岗位，还是想成为领导，或者只是想提高自己的工作能力，自我意识是所有进步的核心——包括让专注力给你提供最有利的帮助。

据全球组织咨询公司光辉国际（Korn Ferry Institute）称，公司也能从中受益。其研究表明，该公司领导人的自我意识与公司的总体财务表现之间存在关联。

毫无疑问，自我意识是你在成功路上的总指挥部，它将引导你在工作和生活中，在个人层面和人际交往层面，都能有令人满意的表现。但这个令人垂涎的大脑机器究竟是什么呢？

自我意识是另一种类型的意识，具体来说，它是你窥视并理解自己内心的能力。在这样做的过程中，你能够看到自己的意识、正念和专注力机器是如何在体内进行运作的。这让你能够倾听并跟随自己的思想、感觉、梦想、信念、记忆、动机，甚至是血液化学反应，比如在神经末梢感觉到肾上腺素的飙升，或由内啡肽所带来的兴奋感。自我意识可以让你监控自己在过去是怎样的人，在今天是怎样的人，以及你在未来想成为怎样的人。你可以在这些内在的自我意识、外部利益和目标之间来回切换，借此来改变你的专注力，这么做的同时，你还可以微调你的行为，使之与你的目标实现最佳的协同。这就是可以让你“从头到尾”都感觉良好的机制！

在我们前面讨论的那个姗姗来迟、令人失望的电话中，你先停下一会儿，运用自我意识。你可能会迅速考虑，对你今天工作的成功和未来的目标而言，这通电话的内容有多重要（例如，能签下一份新合同，这一合同可以为你和你的家人带来更多的钱，可以用来做进一步的学习，成为帮助未来工作的亮点）。考虑这些因素，每一个因素都可能使你踩下刹车，避免做出会带来有害结果的反应，从而选择更有利的反应（例如，共叙友情、畅谈合作、展现最好的自己）。你将更有可能像美国航空公司的首席执行官道格·帕克那样，以幽默的（或者至少是得体的）方式做出反应，创造双赢结果。

自我意识可以说是你获得良好的专注力、决策机制、行为控制和高质量生活的最基本引擎之一。一个有自我意识的人可以衡量出哪些事情最有可能帮助自己实现成功和个人发展，哪些没有这种可能。相比之下，没有自我意识的人可能在职场上快速晋升，又快速降职，他们的大脑处在自动运行模式，所以他们不知道其中的原因。在一定程度上，我们都曾是如此。问题在于，虽然大多数人认为他们有自我意识，但我们中只有10%到15%的人真正拥有自我意识。如果有人问你：“你上一次清楚地知道自己为什么做一件事情是在什么时候？”你会怎么回答？你能不能看到你过去所处的环境、现在所在的环境，以及你未来可能会去的环境？我想我们大多数人，在私下自我审视的一瞬间，都会说我们需要培养更多的自我意识。

几乎每个人都会陷入生活的忙碌中，工作和事业会助长这一势头。我们往往没有时间让自己除了思考，其他什么事情都不做。多年来我们疲于奔忙，造成这一现象的“罪魁祸首”通常是学校、家庭和工作。我们被困在经济性和制度性的运作模式中——我们自信地认为自己所表达的想法是我们自己想出来的，但却没能意识到我们或许会遭受到意外打击。我们中的大多数人（包括我）一直向自己承诺，明天就会“想出办法”。与此同时，我们的心灵平静和幸福也被搁置了。很多时候，拖到明天已经太晚了。我在这里对你说，我们不能让这种情况发生。而且……好吧，这可能已经发生了，不过，如果我们能尽己所能去避免这种情况，为时未晚。

这一点得再重申一次：调控要靠意识。没有人能够全天候不间断地运用自我意识。尽管如此，我们可以针对那些重要的、特殊的时刻进行训练，有意地塑造这些时刻。

可视化：强大的能量推进器

能预见到自己身处一个想要拿出最佳表现的重要场合，已经是成功了一半。可视化是一个非常有效的工具，可以给你提供帮助。该技巧应用于许多工作领域——从运动员到军人，从教育工作者到急救人员，从企业白领员工到蓝领劳动者——可视化是一种机制，它将增加你的心理货币，说得更具体一些，它将增强你的预测性意识网络。请记住，预测性意识可以提升你的专注力强度，降低你错过重要边际细节的概率，让你更有可能感知到同事声音中突然变化的语气，进而做出对自己有利的反应，或者让你更有可能在感知到他人话语中隐含的情绪后，做出感同身受的回应，或者能感知到对方话语中缺少的情绪。

可视化可以在你的意识、正念和专注力机制中产生新的回路。在网球比赛中，网球运动员可能会使用可视化来平复自己起起落落的心态，同样，你也可以使用可视化来让自己在刚到公司的时候，或者在中间休息的时候，感觉更有活力。通过可视化，你可以激活某些大脑网络（语言、运动、记忆），对其加以编辑，切断某些回路或创建新回路，以获得积极、有利的行为反应。

由于大脑的可塑性，你真的可以重塑大脑的运作系统，使其更符合你的目标和愿望。然而，要做到这一点，你需要大量的反复练习，这样，使用大脑最喜欢的语言，大脑很快就会收到这一信息并开始运作。

认识你的思维模式。单独运用意识、正念和专注力中的一种机制，便可增强其他二者，还可显著提升与改善你的工作表现和感受。

★ 练习篇 ★

让自己拥有预测性意识

选定一个你想在工作中改善的场合。先从小事想起，问问自己："这一场合里有什么是对我很重要的？为什么会很重要？在这个场合里，为了自己和他人，我绝对需要完成的是什么？"用你的心灵之眼去想象一下这场活动在现实中可能会如何发展，观察自己在情境中的表现，就像看电影一样。观察自己在这一情境中常做的反应，问问自己："有哪些反应是有效的？我想要有什么样的改变？这些与对我很重要的这一场合有什么关系，与我想要做成的事情有什么关系？在我的专注力工具箱中，我有哪些积极的行为特征可以促进事态的发展？”在你的处事方法中，选择一两处你想要改变的地方，把它们写在一张索引卡上，放在口袋里，随机回顾一下（但不要过度）。你选出来的地方可能是“下次要多听少说”“不要打断别人”或“说话的时候不要那么大声”之类的。只需要专注于一两个你觉得会改善你的处事方法，使其有利于你的细节。

下一步也不要偷懒。简要地想一下为什么这一场合对你很重要，以及它如何能与你的近期目标和更长远的目标联系起来，这样，你就明白为什么要以现在这样的方式制定战略。在活动前回顾你的索引卡，并在活动中使用上面的信息作为提示。事后你可以再次回顾卡片，并思考在你的方法中，有什么地方可以微调。

提升正念

以上提到的以呼吸活动为基础，凝练体力和精神能量的活动，多年来一直被用于武术训练。武术家可以用这种方法产生爆发力。即使你不是一个武术家，也不会去道场学武，你依然可以使用这一方法。通过练习，你可以快速地提高心理和生理的敏锐度，以实现职场目标。练习有几个步骤，但是一旦你做过几次练习之后，你就可以快速地做完每个步骤，这样你就可以每天都做这个练习。当你在现场需要有爆发式能量的时候，你甚至可以在办事的过程中就做这一练习。在其他时候，你可以休息一下，以补充能量。

1. 先缓慢地深呼吸，用鼻子自然吸气，用嘴呼气。试着放松你觉得很紧张的不同身体部位。

2. 想象自己从你的四肢和脚下的大地中汲取能量，将这股能量——利用呼吸——输送至体内核心。然后，每呼吸一次，都想象自己把能量压缩进一个越来越小的空间里，直到它被压缩成糖块大小的一小团。

3. 从腹部呼吸，然后呼气，想象能量像光束一样向外穿过你的整个身体，感受一下你能量的激增。

你可以运用自己的想象，自由发挥，我所举的例子只是为了让你有一个概念。通过练习，你可以学会如何显著提升能量，从而提升你对于接下来要做之事的正念。

整合思维模式

要想获得最明显的效果，就要整合你的思维模式。一个好的开始方法，是先选定一项你想提升自己表现的职场任务。遵循第一个练习的方法，让自己有预测性意识，并将其应用到你选定的任务中。但在真正应用预测性意识之前，先按照第二个练习的方法来提升正念。当你把这些活动整合起来，它们可以让你的意识变得强烈且富有活力，然后，在这种状态下，在你所想象的情景中，从你的表现中挑选出一个方面，你觉得这个方面如果能得以改善，会给你带来最大的职场收益。然后，问问自己："在我的工具箱里，有哪些积极的行为技巧可以促进改善这一方面？"接下来，将场景在脑海中进行可视化，同时使用选中的技巧，可以随机重复、微调这一过程，直到它在你的脑海中根深蒂固。当这一场景在现实中出现时，用正念来点亮你的专注力光束。正如本章所讨论的那样，你的预测性意识和正念将提供重要的支持环节，而你可以在可视化阶段就准备好这些环节。

THE 12 RULES OF ATTENTION

第三章

大脑的自动化模式

法则 3

大脑喜欢自动触发点，它们让决策过程变得简单、快速与和谐。

你的生活也需要这些触发点，利用自动触发点，为你服务。

你有没有在州际公路上开了很久的车，到了目的地之后，突然意识到刚刚在路上的时候，自己大部分时间都处于精神涣散的状态？在这种情况下，你几乎对地标没有印象，甚至对自己在开车这一件事也没有印象。这种经历其实很常见，事后吓坏了很多人。

当你如此失神的时候，你的神智究竟在何处呢？你所处的地方，我称之为“无人机区”，驱动你的，是我们通常所说的自动运行模式。在一天的大部分时间里，大多数动物都是像这样在自动运行模式的指引下行动，人类也不例外。这是天然形成的，而且这种思维模式能带来很多好处。正如我们在第一章中所讨论的那样，自动运行是行动、思想和感觉的模板，这些模板的触发速度非常快——快于你有意识地去激活它们的速度。这些模板整天都在发挥作用，你在毫无意识地依赖它们。事实上，面对涉及超多神经活动的任务，自动化让你可以有效地应对这些任务，还可以清理大脑空间，同时让你可以——甚至是深入地——探究其他你关心的领域。

虽然这听起来像是一心多用，但事实并非如此。你的自动运行系统不会像一心多用那样，吞噬你的专注力和认知能量（精神能量）。相反，在你的意识没有参与的情况下，自动运行系统从你的头脑深处引导着你的一举一动。这就是问题的关键所在。当自动化的形成条件出现在你的日常经历中时，预设的行为或行动就会自动发生。比如，你前面的车减速了，你想超车，海岸线畅通，在你的车道上超车也是合规的，于是你就超车过去了，你都不用多想就这么做了。这有点像在手机上设置的提醒，自动化就像这种提醒功能一样，不会消耗太多的能量，同时，它也不会抑制你的专注力，让你可以腾出精力去处理你正在做的任务或想实现的目标。

简单来说，自动化提供了可以即时联结到行为反应（思想、感觉、行动）的神经联结，这些行为反应是你为了做成某些事情而需要立刻调动的反应，而且是你经常使用的行为反应，尤其是那些你不希望花费精神能量去思考、记忆、学习或重新学习其细节的行为反应。你可以想象一下，如果每次开车时，你都要复习每一个步骤：从把钥匙放进点火器，到踩油门的力道，再到驶出车道时要注意什么。再举个例子，自动化让你可以自由地在公园里慢跑，而不用考虑自己的运动形态和姿势，这意味着你可以欣赏沿途的玫瑰园，或者在心里想到与你共同合作一个项目的同事，该同事对项目的积极态度极具感染力，你在心里对此表示认可。

克里斯托夫 · 科赫（Christof Koch）博士是艾伦脑科学研究所的总裁兼首席科学家，同时还是任职于加州理工学院的神经生物学家。科赫和他的前同事兼朋友弗朗西斯 · 克里克（Francis Crick）博士［就是因发现了脱氧核糖核酸（DNA）的双螺旋结构而名声大噪的克里克］开创性地使用“僵尸”一词来指代这种自动化。

按照科赫的说法，他们“把这些无意识的机制称为僵尸特工。这些僵尸特工在一起组成了僵尸大军，这支大军管理着肌肉和神经间的体液流通和快速的相互作用，这是所有技能的核心，也是跳动的生命的核心”。正如你将看到的，有些僵尸是好的，而有些则会给你惹上麻烦，还有一些僵尸则是彻头彻尾的危险分子。有些僵尸不需要你刻意参与就能自动生成，而有些则是你可以有意创造出来的，这意味着你可以为特定的行为创造一个自动化的动作。此外，你还可以对自动化动作进行自我调节，使其能给你提供最大的帮助——从如何改善你打高尔夫球时候的挥杆技能，到如何避免战场上的伏击，再到如何平静地迎接脾气暴躁的客户，进而让客户也因你平静下来。训练好这些技能后，将其启动的，是让你在州际公路上能够安全到达目的地的同一个指导系统——你的好僵尸。

你可能还记得切斯利·萨伦伯格（Chesley Sullenberger）机长，他和副机长杰夫·斯基尔斯（Jeff Skiles）将全美航空的1549号航班迫降在美国的哈德逊河上，挽救了153名乘客和机组人员的生命，当然也拯救了他们自己的生命，萨伦伯格机长也因此成名。在2019年1月的紧急迫降10周年纪念日上，萨伦伯格机长在美国广播公司（简称ABC）的新闻中描述了飞机是如何撞上一群加拿大鹅，撞坏了两台发动机，以及他如何操纵飞机在河上降落。正如萨伦伯格所言：“压力太大了，但我们有那种专注力……让我们能够在压力如此大的情况下还能完成工作。”至于他当时的想法，机长在回忆时说：“在我们仅有的那几秒钟里，我脑子里没有任何杂念。”几秒钟的时间，指的是做出将飞机迫降在水上这一决定的时间。“我从来没有想过我的家人，没有想过其他任何事情。我想的只有控制飞行路线，依次解决每一个问题，直到最后，我们能把这些问题都解决了。”

萨伦伯格机长曾是美国空军战斗机飞行员，飞行时间超过两万小时，即使在水面迫降成功后，其专注力继续在当天发挥着作用。在他离开机舱之前，他调动起精力，把飞机检查了两次，确保所有人都已撤离。

机长英勇迫降飞机的举动是一个很好的例子，证明了过往经验、强烈的价值观和专注于当下的状态——即使是在不可思议的、令人难以置信的压力下——可以找到适应性的方法来应对任务，并由此产生惊人的专注力和积极的结果。

如何练就自动化反应

早期，心理学上对自动化的研究重点放在将目标与完成该目标所需的技能相匹配，并对其进行练习，直到这些技能自动化。这种策略可运用于运动员身上，也可帮助学习有效的推销话术，甚至可以帮助员工在迎接顾客时面带微笑，在见到焦虑的同事时露出中立或同情的面孔。一般认为，这种实现自动化的方法需要三样东西：意志行为、学习和练习。所以，这一过程的产生，需要人们有意识地采取行动。不过，这个概念本身并不新鲜。

武术世界提供了一个很好的例子。几千年前，武术家们发现，重复练习一个招式，比如一种阻挡动作或是一种脚法，一直练到完美的程度，可以让他们在现实生活中使用这一招式时，达到完美，几乎是瞬间出招，而且可以始终保持这一状态。在世界各地的学校，大多数武术和瑜伽学生（以及舞蹈演员和所有其他运动员）都知道，当他们第一次学习一种技巧的时候，让他们感到无比混乱的事情是，他们在尝试使用这一技巧的同时，还必须思考自己正在做的事情。他们迫切地希望自己能早日像耐克的广告语一样："想做就做！（Just do it!）"各项运动艺术最伟大的经验教训之一是：它们教会你，这样的一天确实会到来。同样的道理也适用于你为了获得更好的结果而想改变、取代或创造的工作行为。公式很简单：坚定学习意志、学习具体方法、反复大量训练，就像你在健身房里训练任何一块肌肉一样。

但自动模式并不只适用于生理上的行为表现，心理和情绪状态也可以通过自动化调节。这也不是什么新鲜的概念。从早期的武术到今天的运动和军事训练，一些练习方法，包括冥想、正念以及其他一些思维模式，如战士敏锐而又放松的警觉状态和无心（无心在日语中指的是“没有思想的纯粹意识”），这些都被认为是可以有意学习、完善和自动化的元素。今天科学研究的奇妙之处在于，科学能够证明这种方法是有效的，并扩展了使用这一伟大的专注力机器之后，人们在各个生活领域所能做的事情。

训练你的思维模式

如果你想以一种特定的思维模式开始一天的工作，比如放松的警惕，你可以训练这一思维模式。同样，如果你想在一天中的其他时间点改变思维模式，你也可以训练这种技能，使其实现自动化，作用于针对的工作情境和目标。

正如研究者所指出的，今天“心理学的主流认可在心理和行为过程之间，存在有意识的或者有意志的因果关系，也认可自动触发过程或者环境触发过程的存在。争论的焦点已经从这些不同的因果力量是否存在，转移到了在哪些情况下，相较于另一种因果力量，一种因果力量更能主宰人的头脑。日常生活的主要组成部分，是在有意识或无意识状态下做出的评价、判断、情绪、动机和行为吗？”绝大多数研究得出的结论是，自动化的头脑控制了你一天中的大部分时间。不过……你的意识还是可以对重要的时刻实施控制。

思考一下下面的例子。有一年，天气很快就要变得更冷了，我决定给我们家车道边的路灯换个灯泡。我没有多想就爬上了梯子，我的狗在底下看着。接下来，在自动运行意识的主导下，我把固定灯顶的两颗螺丝卸了下来，然后，我开始掀开灯盖。我完全能够预料到，在接下来的几秒钟内，自己会伸手进去把灯泡拧下来。我专注于这一特定的目标，行动完全处于自动运行状态。突然，我的狗开始大声吠叫，我意识到它的这种叫声是在警告我有危险要发生，狗叫声把我从自动运行的状态中抽离出来，激活了我的专注力控制系统。现在，我试图找到它在对着什么东西叫，它一直叫到我从梯子上爬下来。我从灯柱那里后退一步，起初，我什么也没看到，以为它或许是在跟我玩游戏。我又爬上梯子，这一次，当我带着专注的好奇心靠近那盏灯时，我看到有一个黑影横在灯泡上。进一步检查后，我发现那是一只蝙蝠。到那天为止，我人生中发生的任何事情，都不能让我预测到这一点。我感到无比震惊，我的头脑和身体立刻跳入自动运行模式。我真的从梯子上跳了下来。“哇！”我大声喊道。“哦，哇。”我的下一个动作，是要想办法把蝙蝠从灯里弄出来，这既是自动触发，也是因环境触发的反应。由于我不知道下一步该采取什么措施，所以我干脆让自己和狗都远离蝙蝠，然后离开了那里。对我而言，解决问题的最佳选择是找到应对办法，然后执行可能成功的方案。在咨询了“谷歌博士”（现在，我的很多同事都把谷歌搜索称为谷歌博士）后，我找到了几种办法。最有效的一个办法就是给这个小生物一些时间，让它自己飞走。我听从了这个建议，当我回到路灯那里的时候，我发现那只蝙蝠——一旦我们让它自己留在那里之后——已经自行飞走了。之后，我知道应该长期牢记本次所学到的经验教训：在我家那一带的伯克希尔森林里，还有很多蝙蝠喜欢出没的地方。

牢记大脑喜欢的语言

在第二章中，我们讨论了信息重复是大脑最喜欢的语言之一。令人惊奇的是，我们不仅能够出于意识或是无意识地实现自动化，而且实现自动化这一过程本身就是一种自动化。你所要做的，就是在差不多相同的状况下，重复某件事情，重复的次数要足够多，如此一来，你的大脑——不论是有意识地或无意识地——就会接收到以下信息：在这种情况下，这就是你想要做出的行为。于是，你的行为就自动化了。正如我们所说，这可以作为一种意识行为，也可以在你没有意识到的情况下发生。科赫和克里克似乎注意到，这些类似僵尸的触发点一旦形成，就会从你的意识中消失（记住，形成自动化就是为了让该过程从意识中消失），但是它们会继续被触发，似乎是凭空出现的一样，触发速度十分快速、动作十分隐秘，你都察觉不到有事情正在触发这些触发点。关键在于，一旦你有意识地识别出需要改变和改进的地方，你就得找到自己的这些僵尸，因为它们控制了你的大部分行为和经历。

看看下面这个故事。弗兰克今年26岁，是营销部门的员工，他已经在工作岗位上做了两年，他希望在工作中有所改变。他也不知道自己到底想要什么样的改变，但他觉得自己已经准备好接受一些积极的新事物。以下是事情发生的经过。

一天早上，弗兰克走进公司，他远远就注意到老板在拿起一些放在前台的材料的时候，突然做了一个肢体动作——这是弗兰克的僵尸特工们特别感兴趣的一个细节。弗兰克立刻认为老板的心情很消极，于是他退回自己的办公室，准备开始一天的工作。在真正投入工作之前，他做了所有的例行事宜：在办公桌上摆放必要的文件、查看电子邮件、听语音留言、喝咖啡。他觉得自己的专注力不如往常集中，工作速度也比原来慢。他将这种情况归因为自己前一天晚上没有睡足8个小时，但其实事情没有那么简单。会不会因为观察到了老板的肢体语言，所以弗兰克整体的精力和专注力都变慢了？是的，这一观察能从多个方面影响到弗兰克的精力和专注力。让我们来看看是怎么回事。

到了下午，弗兰克已经完成了那天的工作量。他内心对此毫无波澜，但这种状态以前也出现过。过了一会儿，他在自动运行模式下参加了老板为当天安排的一个全部门会议。弗兰克在整个会议过程中一直无精打采，持续游离与放空。老板在会上提出了一个新的职业发展项目，有3个名额，任何人只要有兴趣就可以参加。老板解释说，该地区的一所大学是一所全国一流的院校，正在提供一个研究创意的暑期学习项目。该项目主要讲的是创意思维，将其与科技写作相结合，并在项目结束时为学员颁发写作证书。“很容易就能学完，”老板强调说，“有谁想参加吗？我预计未来会有几个项目，可能会有两个新的岗位提供给会这些技能的人。”

接下来发生的事情可能会让你大吃一惊，或许你自己也曾做出过类似的草率决定。在弗兰克没有注意到的情况下，预测、可预测性、各种僵尸以及无意识的目标已经帮他做出了选择。他没有多想，就放弃了这个机会。然而后来，他运用了反思技术，帮助自己了解在脑子里到底发生了什么事情。

那天晚饭后，弗兰克静静地坐在客厅里，他在反思自己为什么会对老板的提议缺乏激情。他试图反过来追溯自己做出决定时的每一步，为什么他会对这个机会如此不屑一顾？他的反思之旅使他想到了一些东西，其中还包括他父亲霸道的形象——在弗兰克的青少年时期，父亲在大部分时间里都对他表现出失望，每次父亲一感觉到失望，就会狠狠地训斥弗兰克一顿。父亲希望弗兰克做什么，弗兰克就得做什么：从在学校选修哪些课，到和谁交朋友，再到他在大学里选择什么专业。但在弗兰克的记忆中，印象最深刻的，是父亲每次在夸夸其谈时会突然做出的肢体语言。弗兰克开始明白，这可以说是父亲独有的招牌动作。每当弗兰克看到有人做出类似的动作时，就会引发一连串的负面感受，进而触发了那些无意识的僵尸，削减了他的热情，在追求目标的道路上起了反作用。这样的一次无意识经历，刚刚就表现在他对老板的反应上。

几天后，弗兰克从小道消息得知，有3个同事接受了老板给出的机会，要去参加该项目的学习。他在心里责备自己，怎么做了这样一个愚蠢的决定。弗兰克决心进一步研究他所面临的困境，他列出了一些方法，希望从中能找到适合自己的解决方案。他注意到，自己喜欢写作，想早点升职，他期待在未来可以升职跳槽到另一个机构去，而一份重点大学的科技写作证书以及获得一次升职可以帮助他实现这个目标。穿越时光进入这个可视化的场景中，我们可以认识到，对弗兰克而言，接受老板的机会很可能是有好处的，但他已经失去了这个机会。

在学习项目开始前几周，弗兰克的一个同事因故不得不退出了学习。由于弗兰克已经做好了思想工作，挖出了长期存在于脑子里的僵尸，所以他主动提出申请，获得了学习机会。

弗兰克是否摆脱了这种因其生命中的一位霸道人物而产生的自动化行为？没有，只做一次反思根本没有办法做到这一点（我们将在后面的章节中探讨如何削弱和驱除这些僵尸）。然而，弗兰克的反思帮助他追踪了一个多年来一直阻碍他实现目标的自动化行为，他能够减少这一自动化行为对当前这个重要决定的影响。

后来，事情的发展轨迹如弗兰克之前所策划的一样。他获得了证书，凭借个人能力，他后来获得了两次晋升。尽管公司后来没有发展出其他工作项目，但当其他员工被裁员时，弗兰克却能保住自己的职位，他把部分原因归结为在参加完项目学习后，能与同事和老板开展合作，关系也更加融洽。现在回想起来，他发现最大的惊喜是在几年后，他用在培训时学到的知识和技能写了一本书。这本书的成功给他带来了很大的满足感，同时也为他带来了全新的事业。

当你开始识别这些促使你做出自动化决定的潜在僵尸，学会思考它们如何影响你的动机和志向，学会倾听你内心的声音，最终，学会为自己创造一个更具自我意识、更真实的现实，如此一来，你将能够打开多扇通往积极体验的大门。

试试这样做！

考虑一个现有的、但你可能已经忽视的职业选择——你脑海中的小声音不断将其拉回到你的意识中的一个选择，一个可能让你想重新思考自己职位的信号。也许这是一个与其他部门的交叉培训、一个攻读学位或旅行的机会。你可能会觉得现在追求这些事物是一种痛苦，但花点时间，将一年后和五年后的情景可视化。问自己以下这些问题：从一年后或者五年后那个时间节点开始，会是什么样的状况?我希望那时的自己正在做什么工作？现在的努力是否能帮助我摆脱看似毫无前途的“死胡同”？这份努力是否能提供新的能量？它是否能开启新的社会联系，或带来个人成就感？这不仅能成为增强自我意识的一部分，还能帮助你利用这种意识为自己建立更深层次、更满意的工作目标和更美好生活的联结。

往前看10年。从这个节点来看，你认为现在必须要做的事情是什么？你现在可能会因此采取什么不同的做法吗？更强的自我意识将帮助你做出更好的即时决定。请记住，强化的自我意识，还能引导和加强你的专注力光束，使其聚焦到能帮助达成目标的细节上，并抑制其对那些无关细节的关注。通过利用专注力来协调你的日常经历、急需完成的目标和内在目的，你会感觉到自己的工作、生活走上了一条慢慢变好的道路。

受需求驱使的专注力

需求可以促使你变得愈加出色，也可以让你失去理智。我们天生就受到需求的驱使，将专注力集中在我们认为能满足自己需求的细节上，同时，需求还会抑制与需求无关的细节的关注——这个概念就像是一个单轨思维。棘手之处在于，仅仅因为我们认为某件事与需求无关，并不意味着它真的与需求无关——尤其当即时需求驱动专注力时。

此外，需求来源于各种不同的地方，包括你的思想、信念、价值观、感觉（生理感觉和心理情感）**、记忆，以及不断发展的内部和外部细节。**

试试这样做！

花点时间想想，今天你有没有突然被一个意想不到的需求转移了专注力，这样做可能也会挺有趣的。问自己这些问题：

- 我那时突然感觉到的需求是什么？
- 促使我产生这种需求的干扰性想法和/或感觉是什么？
- 接下来我做了什么？

- 是什么让我产生了这样的想法或感觉（例如，个人信念、制度价值、我的日常工作生活模式）？
- 我想将该行为保留下来，作为我的反应，还是我想改变这一行为呢？

需求可以像黑客一样入侵你的自动运行系统，让你偏离预设的目标轨迹。这就是为什么，当你在深夜感到饥饿时，你会去吃自己经常吃的、已经预设好的食物来充饥，无论是像水果等健康的食物，还是像薯条或比萨等不健康的食物，你就是要去吃这些东西；同样，当你在工作中需要发泄一下的时候，你就会去找你惯用的解压器，不管是利用短暂的休息时间走一走，或者是在脑中直接骂出一段脏话，你就是会这么做。但最主要的问题在于：你该不该这么做？这个行为对你最有利吗？刚开始的时候，做这件事情可能会带来几分钟的缓解，但在当晚或第二天，你会有什么感觉？这个行为是会加剧你的烦恼，还是能放松你的头脑？一周或一年后，它可能会对你产生怎样的影响？拓宽你专注力的镜头范围，看一看如果事情再发生一次，你会做一些不一样的事情吗？

在我们前面的例子中，弗兰克有内在的需求和想改变的欲望，但被老板的肢体语言所激起的负面情绪所掩盖，而这种负面情绪是外在的、因环境而生的。在心理上，这些细节与弗兰克的生存机制有关，这一生存机制是弗兰克在很久之前就发展出来的，已经深入骨髓，决定了他是否愿意直面困难，还是会选择逃避。这也是弗兰克一听到老板说会提供参加暑期培训的机会，就退缩不愿参加的原因。在这个例子中，弗兰克退缩的情感需求抑制了他对任何积极细节的关注，他本来可以从这些细节中了解到，这是一个好机会。不要误会我的意思——鉴于他头脑中的僵尸之强大，弗兰克对它也没有招架之力。理智很少能敌得过现场爆发的情绪，这就是为什么反思是一个重要的关键。

幸运的是，弗兰克后来进行自我对话，允许内心的声音进入他的意识，这开启了他在事业发展方面更微妙的需求，而这种需求早先被他的情绪僵尸入侵并吞没了。弗兰克的反思产生了更深层次的自我意识，帮助他看到了本可能成为其更深层次目标的事情，这是一个更符合真实动机的目标。所有这一切最终使得在参加培训的机会空出来之后，弗兰克能立刻争取到这个机会。如果这个名额没有空出来，弗兰克很可能也会找到其他方法，力求实现他新确定的目标。

意识到和识别出坏僵尸是走向自我调节的重要一步。他的内心谈话提示他，他做出的决定有问题，他愿意跟随这种可能性走到下一步，这一点也至关重要。事实上，为了识别和调节自己的自动化，意志力是你从中应该学到的知识点之一。

广受欢迎的白痴测试（idiot test）游戏帮助人们学会读懂指令。该测试会指示读者遵循一组带有编号的指令。第一条指令总是说：“在做任何事情之前，先阅读全文。”操作词是先读后做。然而，大多数人只是匆匆扫了一眼，就开始做这些指令，但在最后，他们会发现，最后一条指令写着“忽略所有之前的指令”或“只做步骤1和2”。大多数人为了尽快完成任务，来不及读完题目，就抢先开始答题，最后才发现做了很多不必要的工作。

这一测试教会我们坚持读完和遵循指令，并弱化和摧毁长期存在的僵尸。做了测试之后，不管是再做白痴测试还是阅读重要的合同，你往往会先读完材料。

被自动化侵入的地方，比你想象的要多。例如，只要想到要做某件事，就会加大你做这件事的可能性，无论这件事情是你在考虑要不要训斥某人，还是在考虑要不要采取另外一种消极或积极的行动。此外，一旦你保持了定期思考某种方法的习惯，该方法在无须你同意的情况下就能实现自动化，并引导你对自己做出不利的行为。好消息是，我们可以调节这种机械式行为。

专注力的首席执行官

专注力的首席执行官是自我意识与执行专注力开展合作的地方，拥有对专注力的最高指挥权。正如我们在前言中所指出的，进化赋予每一颗健康的大脑（我们大多数人都有一颗健康的大脑）一种指挥控制能力。这种能力的重点在于选择——选择一个细节或一条日常路径，而不是选择另一选项的能力。执行专注力是你专注力的首席执行官，甚至有能力在一瞬间抵制住强烈的冲动和强大的吸引力，转向更有利的选择——有时候甚至是重要性被你低估的选择。

重要的是，这种机制可以调节你的自动化，使其更好地助力你的日常目标。例如，你可以选择暂时放弃一些你认为目前需要的东西，以换取一些你预测在今后会更好的东西。一个例子是，你放弃申请加入你一直向往的组织，因为你知道你将在今年年底前拿到工商管理硕士学位或博士学位。有了这一机制，我们生来便有识别和优先处理生活中不同事件的能力。执行专注力会在以下情况中接过主导权：一位家长，在将杂货装入汽车之前，匆匆忙忙地将三个尖叫的孩子用安全带固定在汽车座椅上，却能在一瞬间注意到其中一个孩子已经解开了安全带，正向车流走去；一位员工，在周五的下午控制住了自己的情绪，没有对上司发飙，而是选择在一天结束后回家，心里感到轻松和安全。

当你成年后，你的执行专注力逐渐成熟，并体现在你解决冲突、纠正错误和计划新行动的能力上。在自动化行为不足的情况下，执行专注力是一种必要的机制——从如何理解同事的肢体语言，到如何处理工作中的意外问题，这些都需要执行专注力。对于大多数生活技能来说，你的执行专注力是必不可少的，它可以调节一系列的网络，包括情绪反应、感觉数据、记忆，以及——正如我们已经讨论过的——自动化行为。这让你可以消灭、编辑和/或取代机械化回路，用对你的日常工作目标更有利的回路来取而代之。就像弗兰克决定重新思考他对参加培训的感受一样，你的执行专注力可以针对适当的内部和外部信息，引导你得出更满意的结果。

认出和改造有害的僵尸。

★ 练习篇 ★

餐厅测试

本测试可以帮助你识别触发自动化的内部和外部细节。下次你去餐厅或咖啡馆时，扫视一下四周，选出一个你觉得有好感的人，再选出另一个你觉得反感的人，一定要选择你不认识的人。然后追踪你的心理和情感足迹，问问自己，找出到底是什么在影响你的感受：是一张脸或一个面部表情、一个声音、说过的话、一个想法、一篇文章、身体语言、记忆中的一个细节？问问自己："经过重新思考后，这些影响因素是否还合理？如果不合理，原因何在？"

控制你的僵尸

运用执行专注力。选择一项你想要提高的职场技能，提高这一技能后，你就能向想要实现的目标迈进一大步。例如，假设你觉得你已经出现了在同事或客户说完话之前就打断他们的倾向，或者是当他们在说话时，你无法集中专注力（这两个问题都会导致你错过重要的数据和/或者弄糟你们的关系）。勾画出一个策略，包括正念自我意识、正念反思和正念关注。要练习自我意识，要思考你为什么希望控制局面。问自己："我想如何表现自己？过去我是如何表现自己的？我想要做出什么不一样的举动吗？为什么控制住这一局面对现在的我而言很重要？这对我未来的目标有何影响？"

对你的策略在一个典型工作环境中的应用进行反思，一些能作为触发点的提示语可以帮助到你。想出一个口号来调节你想要控制的行为，比如"少说多听"或"进入倾听模式"，然后在事情进展过程中使用这一口号。

记住，只要把这些技能变成一种有规律的模式，你就可以让它们实现自动化。在你尝试了你的策略之后，在当天的晚些时候，花点时间来反思一下情况是如何发展的，这将让你有机会编辑和微调你的策略，更新你正在创建的自动化。在未来，这一做法将帮助你让自己的表现达到预期，并且能将这种状态保持下去，与你认知到的目标一致。

第四章

信息过滤

法则 4

训练你的大脑机制，找出和压制那些与目标无关的信息。

如果你想拥有高质量的专注力，你不可能——没错，是不可能——关注向你袭来的所有信息。所以，正如我们之前所讨论的那样，大自然赋予了我们的大脑一种压制机制，可以额外帮助我们过滤信息。在本书中，我们会越来越清楚地看到，当你过滤细节信息的机制变弱或失效时，你最容易分心、感觉压力、出现疲劳、遭遇信息过载、犯下错误、心怀不满。当你的大脑因信息过载而遭遇瓶颈时，你会感觉乱了方寸，看不到出路。但是，经过训练的大脑机制会帮助你找出和压制那些与目标无关的信息，理清思绪，重回专注。

我使用压制这个术语，为的是能让你在脑子里出现一个画面，知道该如何清除头脑中的数据、让自己眼不见心不烦。压制信息的目标是释放你头脑中的空间，防止数据过载。思考一下外部和内部细节信息。对外，你可以压制不相关的环境细节信息的入侵，比如工作空间里的机器噪声、聊天声、在窗外工作的路政人员的声音，或者在休息室里呼唤着你的甜甜圈的香味；对内，你可以扫清影响专注力的因素，如失控的思想、记忆、情绪和与过去行为和经历有关的图像。这些干扰因素中的任何一个都能迅速地使你的专注力偏离目标，因此，你要处理这些因素。

你肯定曾经被一些不请自来、令人紧张的细节信息扰乱过心神，这些细节信息使你无法保持专注的状态去完成一项任务。例如，同事喋喋不休地谈论你对项目的贡献、主管提出不合理的要求、不可能在最后期限前完成的任务、未回复的电子邮件越积越多，等等。此类信息不仅会扰乱你的生活，也会引发你的负面情绪。如果不加以控制，你通常会感到不知所措，进一步激化压力和冲突感，你对个人负面行为模式的控制能力也会减弱。

这种时候，我们最需要做的，是控制住已经失控的场面，但是我们往往会做出更坏的反应，这是一个恶性循环。更重要的是，由于你专注力的首席执行官现在压力太大，无法指挥，在这种时候，你的坏僵尸——还记得它们吗——喜欢继续深耕，让你一直处于自动运行模式之下，从而让你无法平衡自己的行为和思维。高压力会助长你最糟糕的应对技巧，这样一来，你做出的反应本来就已经在不断恶化，你想完成的任务也随之迅速地走下坡路。对于你最喜欢做的条件反射以及习惯会犯的错误而言，你现在的头脑就是一片沃土。这也是一个十字路口，你与任务相关的判断力和反应力似乎开始退化，因为你的大脑在纠结为什么事情会出错。因此，你现在的行为模式是一种强迫症的模式。

清除这种负面循环的方法之一是，打个比方，要在门口处检查该循环。不要停留在那个恶性循环中，重复同样的目标攻击行为和随意批判他人的行为。相反，要短暂地休息一下，给自己补充能量，你的精神能量越少，就越难恢复到平衡状态。记住，好的专注力需要能量，所以要停止自己的心理大爆炸，这点很重要。

你要做的，就是把僵尸锁在我们的思维里，告诉自己不要再理会它。研究表明，比起继续待在消极的行为循环中，或是放慢脚步试图控制局势，休息一会儿后再重新启动对你更有好处。

学习如何压制那些能窃取专注力的信息，好处是你可以在这些信息驱使你偏离目标之前，就摆脱那些可能阻碍你关注当下的东西。所以，刚开始的时候，不要急于做出某种行动，保留选择余地，每一刻，都要清楚地考虑你当下这一时刻的需要——最重要的是，要保持定力。

在接下来的几页中，我们将看看其他能利用你大脑的专注力机制的几种方法，以便当你在执行任务时，能在头脑里一堆狂轰滥炸的细节信息中，聚焦有用信息。我还会向你展示如何更好地压制无关的信息，同时保持你的专注力，抓住重要信息。

与大脑总部保持联系

前面我们讨论了自我意识是专注力的调控枢纽——可以说是大脑的总部。所以，下一个压制信息的方法就是利用预测意识，先与总部取得联系，以了解你之前在追求实现某个特定目标时的行为模式。这种了解能突出之前的模式中哪些是有效的，哪些是无效的，要鼓励再次使用哪些模式，要放弃使用哪些模式，进而能帮助你组织方法。例如，在某种情况下，你之前的行为模式是表现得很激进还是很冷静？淡定还是严肃？灵活多变还是一成不变？你现在的最好的表现是什么？自我审视是值得你花精力去做的，而且也很容易做到。

比方说，在任何时候，只要员工用某种语气进行沟通时，你的行为模式就会变得过于激进。让自己预先意识到这种行为模式，这样的话，在下一次与使用该语气的员工沟通时，你可以选择在激进行为被触发之前，努力去摆脱这一行为。自我意识让你能够选择在某种情况下对你更有利的行为——而在上述例子中，更有利的行为是促成一次更冷静、更轻松的沟通。

压制无关信息，改变事情结果

史黛丝任职于一家市区医疗中心，中心里有3个人负责病人的转诊和病情随访，史黛丝便是其中一位。无论是在打电话还是在办公室里办公的时候，史黛丝的工作风格是倾向于让自己表现得乐观和放松。但她知道，当她被某件事情困扰时，无论是工作中的事件还是自己的私事，这都会影响到她友善的形象。当情感入侵大脑的时候，她其实感觉到自己的反应速度变慢了，就好像被拔掉了插头一样，她的动作放缓，精神倦怠，情绪低落或急躁。她已经意识到，这种思维方式会让自己在工作中出现混乱，无法与病人和同事进行有效沟通，容易算错账单和在其他文件上犯错。在其他时候，她收到了许多病人的赞美，说她的热情好客、更加友善的举止让他们在困难时刻感受到了安慰。史黛丝意识到，这些时刻为她积累了应对日常挑战的正能量。

最近，史黛丝在病人的医保金额上犯了一系列错误，这让她开始对这种情况进行反思。在追踪她犯下某次错误的脚步之时，史黛丝发现，自己当时因为下周将有一位新主管接管办公室事务而胡思乱想。当她完成一项工作，开启另一项工作的时候，她因此分心了，而且思考这件事还消耗了她的积极性，因为她脑子里都是这样的想法：我刚刚才和现在的主管出去吃了午饭，我还以为我们俩之间可以有话直说，她为什么不告诉我她要离任呢？我该怎么和新主管相处呢？我的工作还稳定吗？然后，她的心思就跳到了她的个人财务上——工资决定了她的财务情况。当她与病人交谈，填写他们的表格和日程表时，她没办法集中专注力，压力使她异常疲惫。经过反思，史黛丝知道了当时她的头脑并没有专注于她希望专注的事情。

反思不仅能帮助我们梳理出我们偶尔犯错的原因和方式，也能帮助我们确定头脑需要专注的地方，从而避免犯错，还能告诉我们需要压制那些能影响头脑思维的信息。反思可以引发自我意识，是向找到解决方案迈出的坚实一步，对于史黛丝和其他需要进行反思的人而言，都是如此。

继续深入挖掘，史黛丝发现还有更多的东西在啃噬着她的大脑。她找出的下一个侵蚀专注力的信息，是她在工作时想到的一个跟家里有关的信息。该信息涉及她儿子和他最好的朋友之间发生的事情，儿子的朋友突然在学校对儿子发火了。和大多数父母一样，虽然她离开家在单位工作，但这并不意味着孩子的教育问题就留在家里烦不到她了。相反，当她试图专注于病人时，这一问题也同时存在于她的脑海中。

正如我们所看到的，通过反思所获得的自我意识有助于暴露一些特定细节，这些细节会突然出现在脑海中，破坏我们流畅地驾驭日常任务的能力。好消息是，了解到这一点后，我们就会对自己产生怜悯，对他人更加礼貌。人无完人，所以不要那么紧张，我们都很容易受到这些能降低专注力的信息的影响。然而，光知道这些还不够，你接下来要做的事情非常重要。

专注力的守门人

你是自己专注力的守门人，所以你有能力激活某些细节信息，让其进入你的专注范围，给予更强的专注力，也有能力抑制并驱逐其他细节信息。

在20世纪60年代，科学家们喜欢把大脑比作一台电脑，从那时起，这种拿电脑来做类比的说法，从把大脑比作一台电脑，演变成了把大脑比作几台电脑，每台电脑都控制着大脑的各个区域，包括语言、运动技能、疼痛和情绪。你可以把每台电脑想象成一台独立的电脑，每个特定区域都有特定的数据。每台电脑都向你的专注力首席执行官，也就是你的执行专注力，汇报情况。作为你专注力指挥链中的最高指挥官，执行专注力有权决定哪些信息是相关的，让这些信息参与进来，也有权决定哪些信息是不相关的，并把这些信息分离出去。你不仅可以利用你的执行专注力来决定你要回应什么事情，也可以利用它来决定你将以何种方式、在何时和为什么要回应这件事，还可以在任何特定的时刻，利用它来压倒其他要争夺你专注力的更强烈冲动。

回到史黛丝在工作上出现的状况，通过选择抵制在工作时间内思考与上司和儿子相关事情的这种冲动，其工作结果就会出现天壤之别。换句话说，史黛丝（和我们）为了将有用的细节信息与使人分心的细节信息区分开来，下一步就是有意识地选择要压制哪些细节信息。这涉及另一个注意引擎：你的选择性专注力（之前在第一章已经讨论过了）。当你在传入的数据中来回切换你的专注力聚光灯，选择你想在脑海中看到哪些细节，压制哪些细节的时候，你就可以预设你的头脑，拒绝已经失调的想法、感觉和负面僵尸模式。事实上，这个过程本身就开始压制无关紧要的东西。当这些东西出现在现实生活中时，你会自动地减少对它们的关注。研究早就发现，在这个阶段依旧能清楚地记得你的目标/任务，也有助于加强这种自动化机制。因此，这一机制也可以作为一种预设，加强对与目标不相关细节的抑制，以及促进对与目标相关细节的关注。

在一天中，我们大约有96%的时间都处于自动运转模式支配之下，这点没错，但如果我们能在这个比例上有一点点提高——甚至只是为了重要的时刻去这么做——那么，剩下4%左右的时间就变得意义非凡，可以帮助我们活出独特的精彩人生。重要的是，这些可以带来巨大的成功。正是这些时刻，我们坚定地捍卫了自己的意志，变成了自己想要成为的人。

我们在一定程度上都会出现专注力暂时不足的情况，尤其是当我们从一项任务转到另一项任务的时候，有太多的细节信息想要进入我们的头脑中。想象一下，通过选择关闭大门，拒绝已经失调、暂时无关的细节信息，一位奥运会滑雪运动员在下山的时候，可以在瞬间做出调整，让自己不偏离路线，或者是一位网球专业运动员可以让超难的击球看起来易如反掌。这一做法对你也有用，只要确定一个想法，并告诉自己："这不是现在应该想的事情。"这样做就能在心理和生理上开启这个过程。

反思可以再次发挥作用，为你提供预测性意识和自我意识，让你更好地理解为什么某些细节信息是相关的，在多大程度上是相关的，以及在现实生活中，你的目标在哪些方面会需要更多的专注力。反思、预测性意识和理解，三者的结合让你能够压制失调的细节信息和其他干扰因素，同时还将帮助你对有利的细节信息敞开大门，更好地在现实中捕捉到这些信息。

试试这样做！

了解是什么让你分心是很重要的。可视化能够帮助曝光那些不利于你的习惯行为模式。你可以使用可视化技巧压制与任务无关的细节信息，避免偏离方向。你要做的，是仔细观察你脑海中正在发生的事情，以及你可以做什么来取而代之。让我们开始吧。

1. 选择一项你之前能完成得很好，但最近却开始搞砸的工作任务。

2. 想象自己正在做任务，在脑海中播放这一过程。慢慢地回顾关键场景，试着找出是什么想法、感觉或细节让你不能再专注于这项任务。

3. 接下来，想象自己要再次完成任务，在此过程中消除那些入侵大脑的专注力影响因素，想象自己用另一种功能正常的行为来取代这些因素。

举个例子，如果你正在胡乱猜想新上司可能是什么样的人，要在第一时间就压制住这种倾向，告诉自己现在不是想这个的时候。给自己提供一个替代方案，比如，“下班后我会奖励自己一次放松按摩，到那时，我再以一种平静的方式来思考这个问题”。然后，想象自己再次回到专注于工作的状态。

创建提示信息

通过自我反思，一位名叫艾历克斯的工程师意识到，每当他在脑子里想到一个工作问题的时候，他都希望能立即解决这个问题。想要解决问题，通常就需要和他的主管进行讨论，所以他的习惯是在一天工作准备结束前飞奔到主管办公室，把问题谈清楚。按照公司规定，除紧急情况外，见主管都需要预约，但艾历克斯通常忽视这一点。然而，经过反思，他意识到，当他真的去到主管办公室的时候，时机经常都不好。他的老板可能正在接电话，或者正在和别人一起开一个计划好的会议。他经常得等她，这让他很沮丧，也让他的办事速度慢了下来。事实证明，在这些情况下，主管也不太愿意接待他。他还认识到，在很多时候，只要他再给问题多几天时间，难题往往不攻自破。他意识到，他需要改变自己的这种自动化行为。

压制不正常冲动的一个方法，是创造一个旨在拒绝冲动的提示。我们的头脑喜欢心理提示，我们利用心理提示，选择吃健康的食物、早睡、按时打重要的电话。然而，要想让提示变得非常有效，在情境中能发挥强大作用，并最终实现自动化，我们需要练习这些隐性或显性的提示，直到它们变得根深蒂固。

你可以使用各种各样的提示，我最喜欢的一种类型是话语提示，我将所用的词称为力量词汇。举个例子，为了帮助运动员提高表现技能，可以根据特定的比赛、对手或参赛时的某个特定时间点来定制话语提示，比如当一个赛跑运动员接近终点线时，告诉自己："要加油！"同样，武术初学者可能会用"保持胯部姿势"这样的提示来提醒自己。另一个例子是国际网球联合会建议使用带有指导成分的词语，如"看球、提前拿球、跟进"，或者像"放松、积极、坚强、移动"这样的激励性或包含情感的词语。创造话语提示的关键是使用简短而简单的语言，以触发所需的行动。

以下是一些快速有效的职场提示，你不妨记忆一下，以供后用，其中包括：

- 不要超过5分钟。
- 大声重复。
- 不再一心多用。
- 要积极主动。
- 以积极的态度开始。
- 以积极的态度结束。
- 考虑对方的观点。
- 扩大你的焦点。

重要的是，提示不仅仅是提醒，它们与可视化和反思一样，拥有激活和抑制信息的力量。针对你想要改善的特定情况，创造你自己的提示，这样做是最有效的。你不会需要很多提示，最好不要创立过多的提示，反而让自己为此所累。开始的时候，好的方法是选择一两件重要的事情，再选一两个能给你带来最大成功的提示点。

回到艾历克斯的故事，他决定创造一个提示，来抵制自己想找老板立即解决工作难题的冲动。在考虑了各种方案后，他选择了用音乐提示来为自己的目标实现助力。他发现，创建一个播放列表，添加配乐欢快、歌词励志的歌曲，这样做能帮到他，歌曲的节奏和歌词给了他抵制冲动的能量。周末临近时，尤其是当他开始觉得需要和老板谈谈时，他就会随机播放列表里的歌曲，这时只需按下播放键。

停下来，自我扫描

艾历克斯为自己设计了音乐提示，压制了自己自动必须去到上司办公室解决问题的冲动倾向。为了进一步抵制住这种冲动，并用更巧妙、更有效的选择来取而代之，他使用了自我扫描。下面是其工作原理。

在冲动变得不可抗拒之前，他会停下来，问自己以下这些问题：

为什么我觉得有必要和老板讨论这个问题呢?

过去在类似情况下，我的这种直接上门讨论的方式效果如何?

这一次，情况会有什么不同?

考虑到我面临的困难，我的老板会希望我怎么做?（先预约再去见她？自己想办法解决问题？）

如果我去见她，这一举动会对我现在的工作产生什么影响?

这一举动如何能够帮助我以后跳槽?

请记住，好的专注力是由好的选择所引导的可控专注力。对于艾历克斯而言，使用音乐作为提示，再辅以自我扫描，帮助他压制了冲动倾向，并扩大了选择范围，使他能做出更好的选择。最终，他为了加强选择能力而寻求的动机性能量，会实现自动化，他不再需要使用这些提示，也能做出更好的选择。

自下而上是灵感，自上而下是目标

当你突然想打开购物软件购物时，你并不知道要买什么，你刷了刷首页好物推荐，看了看最新款的衣服，这时，你主要依靠的是自下而上的信息处理。

与之相反的是自上而下的信息处理。自上而下的处理会使用类似于提示的信息，因为你已经知道自己要找的是什么。例如，你为了让自己的旅程避开节假日，要查看日历来做安排，因为你已经知道了日历上会列出节假日；告诉你的朋友说他能在哥特音乐会上找到你，因为你会穿着一件黄色的T恤。自上而下的提示有助于压制挡在你面前的不相关信息，让你关注的目标在更大程度上变得突出。

自下而上和自上而下，这两种信息处理方式紧密相连。你有没有过这样的感觉，明明知道自己要找什么，但就是觉得还没有找到？当你有这种感觉时，你往往是同时依靠自上而下和自下而上的信息处理方式。例如，保罗 · 麦卡特尼（Paul McCartney）的歌曲创作风格就展示了如何能够同时利用两种信息处理方式来实现目标。麦卡特尼的诗人朋友艾伦 · 金斯伯格（Allen Ginsberg）鼓励他在写作时，采用“第一想法就是最好的想法”这种自下而上的策略，而麦卡特尼也在这个策略基础上加入了自己的想法。“这一方法并不总是行之有效，”他说，“但这是一个大致的方向，我会尝试着采用这一方法，有时我会写出一组令人费解的歌词，我自己都不知道我想表达的意思，但是我还是得在一定程度上去理解这些歌词，然后以此为线索，再发散思维。”在谈到自己创作其经典歌曲《艾琳 · 卢比》（*Eleanor Rigby*）的时候，麦卡特尼提到，当他在创作时，他写不出歌曲中人物的名字。他意识到这个名字必须符合歌曲的要求，这是一个自上而下的提示。尤其是这个名字还要符合歌曲的音律。因此，他对自己要找的东西有了一个概念——但在真正看到这个名字之前，他并不知道答案究竟是什么，名字必须自下而上地出现。麦卡特尼回忆说，那段时间他在英国的布里斯托市，看到了一家名叫卢比家的店（Rigby's），同时他想起了之前与他在电影《救命！》（*Help!*）中有过合作的一位名叫艾琳（Eleanor）的女性，于是，麦卡特尼把这两个名字结合在一起。

就这样，艾琳·卢比这个名字出现了，非常适合他的歌曲！后来，他需要为同一首曲子中的牧师角色取一个名字。他拿出电话簿，翻了翻以Macs开头的名字［因为据他回忆，他和列侬（Lennon）希望该角色的名字是以Mac开头的，这又是一个自上而下的提示］，他一直找，最终找到了麦肯齐（Mackenzie）。突然间，他觉得就是这个名字了，于是麦肯齐神父（Father McKenzie）这个角色就诞生了。

麦卡特尼的故事提醒我们，自上而下的信息处理方式可以提高你聚焦信息的能力，能够更好地关注在自下而上的日常经历中出现的、与目标相关的重要细节信息。是的，在经历发生的过程中，这种方法会对其实施限制、划定界限，但我劝你不要因此而止步。与我们的直觉相反的一点是，当这两种方法结合在一起的时候，新见解、充满活力的新联系和组织模式仍然会出现。试着将二者结合起来，在实现日常目标的过程中抢先一步。

专注力的流动性

不管以何种形式追求目标，流动的灵活性都很重要。这一想法可以理解为，随着专注状态的变化，做出调整——确定哪些传入的细节信息必须被压制以保持方向，哪些必须被激活。这一问题的答案会在事情发生过程中自然出现。而且因为事情随时都可能发生变化，所以保持专注力的流动性就很重要。

为了实现这种流动性，对于正在出现，经过提示意识强化后的环境细节信息和内部细节信息，你必须保持广泛关注。这种策略有助于处理连续到来的新信息，速度可以做到按秒计。该策略能自动地将你与之前在类似经历中的行为联系起来，还能添加更新信息，并将这些与你当前的目标协调起来。这确保了在以后一系列与任务相关的行为中，你能获得最新最好的信息。

一旦你注意到自己设定的提示，并将自己置于一种目标驱动的经历中——无论是通过反思、可视化还是在现实中这么做了，你信息压制系统内的灵活性会自然而然地启动，并随着你在任务中的工作而调整。此外，使用提示（你所有的预设）和能提醒目标的信息，有助于增强你的专注力，并进一步压制让你分心的信息。这一点十分重要，所以我要再次强调：使用提示和目标提醒信息会让你的精力更充沛，能更好地压制和激活专注力，能更好地捕捉重要细节信息。这些小小的调整，可以使结果出现巨大差异。它们能同时发挥作用，帮助你减压，防止思想、感情和行为出现冲突，让你的头脑（和工作表现）能一直保持专注。当这些系统各就各位后，你会感觉到自己掌控任务发展的能力变强了，而且看起来也是如此，你会更自信、更熟练。“在工作上，灵活的态度是很有价值的。以灵活的心态对待工作的员工通常更受雇主的重视。”所有这些技巧一起合作，助你实现目标的情况，我称之为协同性（synchrony）。经理会欣赏态度灵活的员工，而员工也敬仰态度灵活的经理。不管从哪一方的角度出发，灵活性带来的都是双赢。

灵活性是关键

你可能已经注意到，在专注力训练中，几乎所有事情都具有双面性，因此，灵活性是关键。虽然我们一直在讨论有什么方法能把不相关的信息从我们的专注力中压制下去，但有些时候，你也会想打开门，让那些使你分心的信息进入脑中，以确保不会错过重要的信息。整体主义中有一种传统的说法：“要一只眼睛盯着目标，另一只眼睛盯着前路。”在人类的重要发明中，有一些是得益于让人分心的信息，这些重要发现包括 DNA、青霉素、微波炉和 Velcro牌魔术贴。所有这些发现都源于一些细节，如果发现者们不打开大门，给予这些信息一点关注，它们可能就会被当作让人分心的信息，被人们所忽视。

由凯瑟琳·贝尔（Catherine Bell）主演的电影《圣诞的氛围》（*Christmas in the Air*）就是一个轻松愉快的例子，说明了一旦在自上而下和自下而上的信息处理方式中添加一些灵活性，就能获得很好的成果。在影片中，贝尔饰演的角色莉迪亚是一个帮客户安排组织生活的专业组织师，她喜欢上一位名叫罗伯特的年轻鳏夫。罗伯特的儿子尚且年幼，日子过得乱糟糟的，与莉迪亚的有序人生正好相反。最后，两个角色向对方的世界敞开了心扉，同时也都收获了成长。罗伯特也完美地实现了他向一家超级商店展示一个新玩具系列的目标，并加深了与儿子之间的感情。莉迪亚发现，她对组织性的自上而下的坚持，使得她无法让事情自然而然地发生，也无法享受到由此所产生的更让人欣喜的成果。最后，灵活性和协同性同时发挥作用。角色和观众都清楚地了解到，有组织性的专注和无组织性的状态，二者都有两面性。正如营销文案所解释的那样，“当莉迪亚打算帮助罗伯特理顺一些他长期忽略的细节时，罗伯特教会了沉默寡言的莉迪亚，乱糟糟的日子也可以是生活中令人愉快的一部分”。

专注/执行/清空/重复

此时，你已经熟悉了在第一章到第四章中所介绍的一系列可以加强专注力的工具，包括提升正念、意识，以及你在信息流中捕捉重要细节的能力。你可以通过使用各种技巧来实现上述目标，包括：

- 重复
- 自我意识
- 可视化
- 反思
- 设置提示
- 压制和激活信息

虽然你必须单独学习上述的每一项技能，但随着练习的深入，这些技能开始融合成一种新的思维方式，让你可以关注工作中重要（甚至不重要）的事情。因此，我想用一个公式来结束这一章，你可以用它来训练你的头脑，使其最终能聚焦信息，执行最佳行动，然后冷静下来，继续专注地面对接下来发生的任何事情。

公式是：专注/执行/清空/重复，可以把这个公式当作一个提示。当你把专注力镜头从远景调整到近景时，它会帮助你把所有的部分都整合在一起。每当有一个想法侵入你的大脑时，让该想法像水面上的倒影一样漂浮在你的脑海中，毫不费力地压制无关紧要的信息，将其赶出脑海之外。或者，你也可以选择跟随这些无关紧要的信息，看看它们可能会将你引向何处。随着练习的深入，这个过程以及你融入其中的所有其他机制，都将实现自动化，让你可以保持专注状态。

利用你大脑的能力，找出和压制那些与目标无关的信息。锻炼头脑，让其有能力聚焦信息、执行最佳行动、再次冷静下来、保持专注。然后再继续实现下一个目标。

★ 练习篇 ★

以下的每一个技巧都能帮助你与大脑对话，并开始调节你关注信息的方式。

使用力量词汇

选一件你想更好地控制的即将发生的事情，想象自己身处那种情况下，再想象出你在过去经历中做过的一些行为。提醒自己你的总体目标是什么，问问自己："为什么这个目标很重要？我在这种情况下的表现，可能与哪些我的其他个人目标有关系？"选择一个你需要确保自己必须要做好的最重要行为，问问自己："这个行为中有哪些元素是我想保留的？有哪些元素是我想调整的？"创建一个自上而下的提示，可以让你一直专注于这个细节，比如"以积极的态度开始，以积极的态度结束"，或者"现在不行，再等一两天"。

使用音乐提示

音乐可以在几毫秒内渗透到大脑的每一个部分。在本章前面，我们把大脑的不同部分比作数台电脑。相应地，音乐可以将新的习惯（你将其与这首音乐联系起来的行为模式）深深地植入每一台"电脑"的记忆中，音乐作为一种很好的提示，还能促使你在特定情况下采取特定的行动。按照第一个练习的指示，但这一次，不要使用力量词汇，而是找一首你喜欢的歌曲，这首歌可以给你提供能量，让你朝着实现目标的一个重要方面迈进。选用歌曲中对你和你的目标有特别作用的一句歌词作为你的音乐提示。

做自我扫描

通常情况下，你可以抑制和/或激活你知道会在即将发生的事情中出现的信息。记住，在现实中，受到抑制的细节信息会面临阻碍，而激活后的细节信息则会受到鼓励，参与目标的实现。我建议在事情真正发生之前做自我扫描，帮助你在事前锐化你的意识。在现实中，自我扫描可以使你的关注焦点更加明确，提高组织能力，提升专注力，让你的专注力不会脱轨。

先要有意识地问自己这些问题：

- 我现在的任务是什么?
- 哪些外部细节信息（环境、文书工作、材料、竞争任务、同事）是与目标相关的，我应该关注这些细节信息吗?

要认识到任何与你的目标无关，还会争夺你专注力的外部细节信息。要对这一信息的状况做一个核实。例如，需要在特定的时间休息一下去服药，这是真正有必要的、可以接受的需求；但是为了娱乐而去查看你的脸书账户，以获取与任务无关的信息，则是非必要的、不可以接受的需求。如果这是一种不可接受的需求干扰，想象自己摆脱这一需求，再定下一个做这件事的适当时间。这种方法会让你的抑制能力变得更强，足以压制这种行为。

接下来，问问自己这些问题：

- 当你想象自己在处理任务时，出现了什么内部细节信息，看起来对任务是有帮助的？为什么这一信息对任务有所帮助？

例如，你可能会对你要参加的活动感到兴奋，因为这一活动将能显示出你的个人特质，你一直渴望他人能认识到你的这些特质，而且这一活动还会长期受到关注，让你的老板能进一步注意到你。此外，出现了什么内部细节，会干扰你执行任务？例如，你可能觉得自己做这个任务是屈才了，这种感觉会带来什么危害？例如，这种感觉可能会让你在对待同事时，态度不友善，表现出傲慢与无礼。如果你发现一个阻碍你工作表现的影响因素，请考虑使用我们在本章中讨论过的工具，并选择一个能帮助你摆脱这种感觉的工具。运用可视化，想象自己在预期的场景中摆脱负面的影响因素。

- 运用可视化技巧，想象自己参与预期中的活动，解除负面影响因素，激活能助你成功实现目标的积极影响因素。

当你预测的场景在真实的活动任务中出现时，你的头脑会用对你有利的方式，去应对处理这些任务。

THE 12 RULES OF ATTENTION

第五章

如何习得更好的专注力技能

法则 5

向自然界中大大小小（但却十分优秀）的大脑学习。

……的兴趣正在日益加深。这些研究可能看起……展示了这些与我们共享世界的生物。重要……身心理能力的理解，为我们在使用专注力中……帮助我们发现熟悉的专注力工具的新用途，……工具。

……索，历史丰富且成果颇丰。在20世纪40年代，……显微镜证明了单细胞细菌的存在，然而，人们还……及它们与更高级的生命形式可能有什么共同点。”……中，基因通过连接两个细菌的一条接合管进行交换”，这一发现结束了争论，证明细菌确实有性生活。这项研究根据无可辩驳的证据，证明了基因是由 DNA（脱氧核糖核酸）构成的。这项早期的研究为科学家们创造了机会，使其有可能开启日后的基因工程研究，随后又发展到我们现在所知的基因组学。科学已经证明，每一个基因组都拥有创造和维持一个生物体所需的全部信息。在人类身上，超过30亿个DNA碱基对看起来像是两条呈螺旋向上的阶梯。

历史上，美国国立卫生研究院和美国能源部共同协作，指导了一项名为人类基因组计划的国际研究工作，其目的是发现人类基因组的序列，并确定其中包含的基因。该计划于1990年正式启动，研究十分成功，甚至于2003年提前两年完成。这一计划为研究人员打开了大门，让他们开始领悟到人类构造的蓝图。研究取得了大量成果，例如，“在临床医学上，从人类生物学和病理学的角度，人类基因组为了解人类疾病提供了重要线索。在改善诊断、预后、治疗和预防方面，医学将发生革命性的变化”。

沿着类似的路径，今天的科学家们仍在追踪大脑里意识的足迹。虽然大脑组织中有近千亿个神经元，但研究人员渴望有朝一日能够将所有的这些碎片（神经元）都拼起来，这样做，就能为神经学家、生物学家和心理学家提供帮助，就像人类基因组计划能为临床医学提供帮助那样。意识研究让专注力研究更受关注，因为这两个网络虽各有不同，但却紧密联系，而且在很多情况下相互依赖。想要获得自我提升、更强心智、最佳表现和幸福感，最快的方法是优化意识，而做到这一点，最大的益处之一就是能发展出更好的专注力技能。所以，没错，这两个系统是不同的，但对于我们这些对改变自我感兴趣的人来说，二者确实能以有趣的方式合作，共同发挥作用。稍微了解一下这些机制在非人类生物中是如何共同工作的，可以给我们提供一个关于人类专注力进化的思路，并启发我们找到能实现更敏锐专注力的新方法。

从对非人类生物的不断研究中，我们了解到一件事，那就是大脑的体积大小并不能决定生物是否拥有专注力技能。比如，你有没有试过抓一只果蝇呢？果蝇的神经元有10万个，而我们人类的神经元高达1,000亿个，然而像果蝇这样的小昆虫的移动，往往比我们更灵活。但是，果蝇却不能像迷惑人类一样，轻易地骗过彼此。我们对果蝇导航技能所掌握的证据越多，就越有理由注意到并且好奇，了解其他生物的专注力，会对我们产生什么影响。除了人类之外，自然界中的其他大脑中也有很多类似的例子。

我们能从昆虫大脑中学到什么

人类并不是唯一拥有专注力技能的动物。其他动物，包括昆虫，必须从一连串争夺它们专注力的细节中进行选择，以在其环境中成功生存。有很多记录记载，专注力为它们提供了多项能力，其中包括保护它们免受掠食者的侵害、寻找优质食物来源、寻找配偶。这些特点很可能是因物种进化所得，即使在小动物身上，这些特点也能实现一些类似于人类和其他灵长类动物才能拥有的功能。

回忆一下拳击传奇穆罕默德·阿里所说的一句名言：像蝴蝶一样飞舞，像蜜蜂一样蜇人——眼之所见，拳之所及。对阿里而言，这句名言是否是他的力量词汇，是一种自上而下的提示？这句话的意象，会不会激发或引导了他的动作，让他能巧妙地避开对手，同时还能在不经意中击中对方？当然，没有人知道其中的答案，但所有这些都有可能在其中起了作用。你可以学习使用类似的心理意象，训练你的技能。正如我们在上一章所讨论的那样，体育界喜欢力量词汇，尤其是那些能带来“画面”的词句。但阿里的这句话会不会包含有更多意义呢？例如，为什么早期的武术设计是以大型和小型生物的动作为基础？事实上，很多不同的功夫招式都是以这种方式创造出来的。虎拳、鹤拳、鹰拳、螳螂拳，这些只是其中的一些例子。

我们每个人都保存着一些图片和海报，每当我们看到这些图片，眼前会出现场景，指定的心态会被激发。有时候，我们会去到某些特定的地方，我们甚至可以躺下，回忆起这些画面，感受当时的心境与心态变化。

我们现在知道，图像就是能量，你可以用图像来改变感觉和思想，甚至是你的运动技能——再想想阿里的名言：像蝴蝶一样飞舞，像蜜蜂一样蜇人……

能量由两样东西组成：信息和力量，我称之为信息赋予型力量。意象不仅是大脑最喜欢的语言之一，而且其能量会影响大脑的电化学活动，进而影响你的行为模式。这些模式会改变你的心态，激活你的运动技能、感情和思想。正如我们之前提到的，你只要看着某样东西或在脑海中想象它，这样东西就能引起心态的变化。一旦你反复这样做，这样的图像和行为就会变得根深蒂固。随着练习的增多，它们会自动激活，其引发的效果也会自动激活。阿里的名言不仅富有诗意，还是一剂良药。你也可以开发自己的口头禅，来提升自己的专注力和行动力。

如何在各种环境下成功生存

昆虫的大脑使它们能够有选择性地适应多种环境，为了能够高效地保持专注，人类也需要这种技能。例如，“蜻蜓有一种复杂的选择性专注力形式，能够在飞过其他蜻蜓群的同时追踪猎物”。我在伯克希尔山生活了这么久，我曾经见过蜻蜓像小飞机一样降落在被阳光晒得暖暖的栏杆上，等到有一只蚊子或其他叮人的小虫（我们大多数人很难抓到这些虫子）飞过，在一瞬间，蜻蜓就会俯冲而下，抓住猎

物，将其吃掉，然后，再次回到那根杆子上，看到这一切，我叹为观止。蜻蜓的专注/执行/清空/重复模式令人惊叹。在这个模式中，蜻蜓从一步到下一步的动作是如此快速、流畅和精准，任何业余运动员都会嫉妒这种能力。只要某个临界值在其大脑中开始启动，蜻蜓就会自动做出动作。

试试这样做！

我们可以学习在自己的心理线路上建立可设置的临界值，通过这种方法来使自己的专注力实现自动化。这种技能可以有许多创造性的应用，然而，在这个练习中，让我们来探索当你遇到日常的环境干扰时，能够保持你专注状态的一个临界值。环境的干扰可以是在办公室外的大厅里正在进行的嘈杂培训课程或货物配送，也可以是隔壁办公室里过于激动的同事正在进行辩论。解决方法很简单，只要事先针对这种干扰设置一个临界值，当干扰发生时，你就转移到另外一个地方去。你来决定临界值的大小，告诉自己，一旦干扰达到一定程度，你就顺势转移到一个你之前已经选好的并且知道会很舒服的空间，比如在天气好的情况下，去户外野餐区。如果你暂时不能离开工作场所，也许在你的公司内有另一个舒适的空间，让你可以不受干扰地继续工作——备用办公室、会议室、咖啡馆或舒适的大厅。这样做的目的是，当干扰达到临界值时，你可以迅速调整好状态，在预测好的空间内继续工作。你可以自信果断地行动，保持专注的心态和优质的工作质量。

利用声音训练你的专注力

与人类一样，昆虫也依赖声音，其中包括声频，它们使用听觉提示作为自上而下的触发点，以此帮助它们集中专注力。根据声音的频率差异来区分不同的声音流，这种方法称为听觉流分离法。例如，蟋蟀和灌木蟋蟀可以在自己这个物种中区分出彼此的声音，也能区分出像蝙蝠这样的捕食者。这种辨别能力与脊椎动物的辨别能力并无二致。灌木蟋蟀会优先关注捕食者出没的声音，甚至要超越它们可能更喜欢的声音，比如从远处发出的寻求交配的声音。这种类似于选择性专注力的能力，保证了蟋蟀的安全。对于人类而言，选择专注力与自动现象、环境和记忆相联系。

正如我们所讨论的，人类的大脑喜欢声音提示。我们可以向小动物学习，考虑要更加重视声音，尤其是在特殊的环境下要这样做。你有没有和其他人一起徒步旅行，当你跟在他身后走路的时候，他把一根挡道的树枝推开了？等你看到树枝的时候再去避开它，通常就已经太晚了，然而，你可以分辨出树枝快速移动发出的嗖嗖声，先听其声，再见其身，所以你可以在树枝扫到你之前就躲开。当你开车时，一些交通声也是如此——即使你看不到对方的车辆，刺耳的喇叭声、警笛声或刹车声也能传递信息。机械故障时或报警器响起时也是一样的道理。有些职场上的声音是危险的，可以为我们提供快速、有效的警告，我们也能从处理这些警告声中受益，比如表明客户焦虑的脚步声或表明另一个人疲劳的叹息。不要忘了积极的声音提示：当同事听你描绘一个创意时，他的声音很兴奋，或者当你的主管赞扬你的工作时，她很高兴。这些都值得你去关注并联结到你的记忆库中。声音绕过你的思维大脑，直接启动你的行动。当你开始使用声音来指导和训练你的反应力，反应时间会缩短，反应变得更流畅，而且如果你已经训练到能根据具体的声音做出行动，你的反应还会更准确。

试试这样做！

你可以使用声音来增加或平息能影响你专注力的精神和身体能量，这可以帮助你以更平衡的能量来迎接任务。现在花点时间，用鼻子深吸一口气，然后用嘴巴呼气，反复这样做几次。当你用嘴巴呼气时，听一下你呼吸时的“呼呼”声，把你的专注力放在这个声音上。在你需要集中专注力时刻的前后练习这一基本技巧，可以帮助你稳定状态，恢复能量。这个练习的效果很强，而且很快就能见到效果，帮助你转变到一个更理想的思维方式。最终，只要听到这个声音，就会触发平静的心态。

自上而下的声音提示

正如我们所讨论的，反思会预设你的意识。因此，我建议反思曾在过去出现的，特定的烦人声音是如何影响你的专注力、组织力或情绪的。问问自己，我可以从这些过去的经历中学到什么？我应该做些什么不同的事情？让自己先意识到这一点，就能在头脑中预设抑制干扰声音、激活那些可能让你获得平衡或活力的声音的专注力过程。可以考虑使用一种自上而下的声音提示，比如深呼吸的声音，利用可视化技巧，想象自己处于你试图控制的情境中的时候，和在现实生活中的时候，都能专注于任务。如果你在一个私密环境中，而且在这个环境里可以唱歌，你可以唱几小节能传递正确信息的歌曲，或者在手机或电脑上放一会儿这些歌。另外一个办法是，在你进入自己试图调控的工作环境之前和之后播放这些歌曲。

试试这样做！

你可以用可视化技巧，优先选择一种环境声音，帮助你抑制或阻隔另一种环境声音。在你想改善的事情开始之前，例如，接受客户订单、听从指示、讨论一份合同或商业协议中的重要细节，想象任何你预测会出现的或可预测的声音干扰。然后想象一种悦耳的声音，这一声音实际上是该环境的一部分，你认为它可以覆盖掉干扰声音。例如，你可以选择白噪声，如风扇那让人镇静的声音，来抵消那喋喋不休的噪声，或者用轻音乐来化解你旁边房间里复印机的声音。运用可视化，看到由于你选择的愉悦声音冲淡了预测会出现的干扰声，你能在事件发生的过程中保持状态，专注于任务。在活动前重复几次视觉化练习，你的头脑会在事情真正发生时自动跟从这一路线。

利用环境预测未来，存储记忆

在人类身上，我们学习的东西、动机、记忆力会影响我们的专注力。昆虫也具有一些类似的功能，例如，蜂类会利用记忆力、选择性、学习力、脸部识别，也有能力将专注力从一个学习目标迅速转移到另一个目标上；蜂类可以关注一些非常复杂的事情，它们可以学会飞迷宫，记住气味，找到在远处那朵自己感兴趣的花；它们可以通过我们现在所知的“摆尾舞”相互交流，告诉其他蜂类，花粉最多的花可能在哪里；蜜蜂可以学习识别人类的脸部图像。和人类的行为一样，蜂类的行为也会受到它们正在感受到的乐观或悲观情绪的影响。例如，如果一只蜂刚刚意外地遇到了一朵美味、营养丰富的花，收获很大，它就会陷入由多巴胺诱发的乐观状态，对捕食者的攻击反应迟缓。

这如何能转化成对职场人士的帮助？如果你有一项需要仔细判断或分析的工作要做，那么当你因多巴胺分泌旺盛而感到亢奋的时候——例如，因为收到好消息所引发的荷尔蒙旺盛、情绪激动、精神亢奋的状态——就不是开展工作的最佳时机。同样，当你体内的多巴胺含量很少，你感觉到乏味、沮丧或不受赏识的时候，也不宜开展工作。在这些时刻，你或许不要急着做出重要决定。也请记住，在本书改变头脑的训练活动中，你可以练习你最喜欢的任意一种活动，帮助你重置失衡的多巴胺。

研究表明，蜂类也能从经验中汲取教训。例如，它们能够根据各种经历，改变自己的觅食行为，这说明学习和记忆对其选择性辨别能力都有影响。例如，蜂类可以将某些颜色（比如花朵的颜色）与收获多或者收获少联系起来。事实上，蜂类能比大多数动物都更快地做到这一点。在一项为了证明这一点的测试中，大黄蜂将一些颜色与它们讨厌的奎宁溶液联系起来之后，就能够避开这些颜色。大脑，即使是小容量的大脑，也会从环境中下载规则，用以预测未来、记忆存储和回忆事物——有效地将当前的情况与先前的学习、记忆和行动结合起来，以获得最佳结果。

在人类身上，我们的认知肌肉更多，让我们可以进行更精细、更复杂的控制和学习，这样我们就可以创造出符合我们目标的未来场景。例如，我们会人为地提高与生存相关细节的警报。回顾艾历克斯的故事，我们可以看到他是如何通过反思，将自己与更有生命力、更有自我意识的目标驱动动机联系起来，然后自我设置了能支持更好行动的预设提示，控制住了自己去老板办公室的冲动。这就是人类级别的自上而下控制力的作用。如果你把预设的目标驱动提示，比如“坚持下去”或“力争上游”放在一个时间窗口中（比如“在会议即将结束时”或“在整个面试过程中”），那么，即使面对让人分心的事物，你都可以驱动自己的专注力，保证敏锐地专注于目标。我建议你从今天开始这么做，我相信你会喜欢由此所产生的成果。

从重要经历中汲取经验教训

行为神经科学家莫里尔·泽里科夫斯基（Moriel Zelikowsky）博士研究了社交隔离对老鼠的影响，发现老鼠会体验到孤独。更重要的是，她发现隔离在老鼠体内产生了一种持续性的恐惧，这种恐惧超出了隔离本身的范围。孤独感还增加了老鼠的攻击性。根据泽里科夫斯基博士的说法，人类并不需要一大群的朋友——只要有一个朋友，就可以帮助你减轻孤独感。

老鼠也会有类似后悔的感受，它们会从中吸取经验。重要的是，这种学习可以带来应对未来经历的长期决策策略。让我们来简单看看这如何能运用在人类身上。

我们早就知道，人类试图避免痛苦、后悔、焦虑和威胁。但是，如何才能将遗憾转化为未来的积极行动呢？比方说，你在午餐时间与同事因一项琐碎的公司政策争论了起来，浪费了你的时间。事后，你后悔自己去跟同事争论。经过反思，你了解到这场争论是如何影响了你的白天和晚上的其他时间。你感觉到的后悔、学到的教训会被储存在记忆中，这一行为会更新联结，以便在你下次遇到类似情况时提醒你，还可以指导你如何能获得一个更和平的结果。每个阶段后的反思，都会进一步更新和加深所学到的经验。

下面是另一个例子，说明你可以利用遗憾来为自己服务。比方说，你对自己未能获得晋升感到失望，与其沉浸在遗憾中，沉浸在自我挫败的思维里，你可以想象自己在下一次获得晋升，并采取积极的措施，朝着这个目标努力。当你花时间反思一件事情在今后（例如，一个月后、一年后）可能会对你、你的目标、职业以及个人满意度产生影响时，你可以将遗憾转化为一种工具，点燃你的动力，抑制潜在的负面攻击，让你有机会努力提高自己的技能。有时，把刚开始认为是没有回报的情况，与个人更长远的目标联系起来，这会让你可以将遗憾转化为更积极的前景。

当然，有些时候，避免去做会让自己后悔的事情，也是一种合适的策略。比如，如果你是一个容易出现灼热烧心症状的人，一个自我约束的话语提示可以帮助你避免诱惑："如果我再吃一个甜甜圈，我就会感觉到烧心了。"如果你因为消化系统或其他与健康有关的问题而需要控制饮食，这种方式的回避会取得很好的效果。

终身学习，我们如何对其加以利用

老鼠和人类一样，也展示出可以将学习从一项任务转移到另一项任务的能力。例如，路易斯 · D. 马策尔（Louis D. Matzel）博士发现，在一项工作记忆练习中接受训练的老鼠，可以立即提高专注力和学习能力，其表现也得到了改善。此外，接受过终身工作记忆练习的小鼠，其所获得的进步可以一直持续到老年。实验表明，通过使用需要长期专注力参与的认知锻炼法，对学习、专注力和认知灵活性的一般性伤害都可能得到缓解。

在人类身上，这样的学习转移对所有形式的自我提升都有重要作用。

经常定期做剧烈运动的大学生，在学业上表现更好。此外，有大量文件表明，武术和瑜伽也能提高专注力。研究发现，骑马、游泳和跳舞也能提高专注力。舞蹈可以减少压力，增加让人感觉良好的荷尔蒙血清素的水平，还有助于发展新的神经联结，特别是在涉及执行功能、长期记忆和空间识别的领域。作为一个有20多年经验的武术教练，我目睹了学生在道场上取得进步的同时，也能在工作、学业和社会活动中变得更加专注和熟练，这让我十分欣慰。

我想强调的是，随着学到的行为算法（模式）从一个任务转移到另一个任务，会产生一个成果更佳的专注思维方式。你只需要学会如何在一种情况下击中对自己最有利的点，然后，你就可以把它转移到下一个事件中去。

专注力如何影响学习

狗能很好地证明通过目标导向型学习，可以取得什么样的成果。在一项为了证明狗是如何注意事物的测试中，研究人员发现，与年轻的狗相比，当年长的狗努力专注于自己感兴趣的细节时，会表现得更加冷静，受环境影响也更小。不过，年轻的狗则能够更长时间地保持关注。当涉及它们想要的东西时，年长和年轻的狗都能有效地引导自己的专注力。目标导向型学习，其好处在任何年龄段都是不可忽视的。

我们还能从狗身上学到什么呢？与一些生物相比，狗的社交性更强，这使得它们更具学习优势。尤其是在学习什么东西是安全的这一方面，就可以观察到这一点。狗愿意互相学习，也会向人类学习。通过注意其他生物对某个物体或地方的反应和舒适度，狗对其安全性会产生一定的认识。当狗感受到一个积极提示的时候，它们就会接近该事物，这就是所谓的社会参照，与我们人类的经验类似。

几年前，我和几位同事展开了一次对话，讨论为什么聪明人有时也会做出不合理的事情。有时候，这些选择会伤害到自己，有时候也会伤害到其他人。我们发现，当别人都在做同样的事情时，我们很容易给自己开绿灯，也去做这件事。例如，如果办公用品和设备原本只能用于办公室工作，但每个人都把自己想要的东西全部拿回家去私用，那么个人往往会把这种行为理解为是可以接受的。我们再来提高一下事情的严重性：如果组织中为了支付假期车费而伪造出差申请的人数足够多的话，那么其他人也会更容易效仿这一行为。语言上的偏见、行为上的歧视或不公平也是如此。诸如此类的事情不胜枚举，到处都在发生。

但是，社会参照也可以促进学习。不过，我们能学到什么，我们要如何运用我们所学到的东西，可能又得另当别论。例如，假设你开始了一份新工作，你听到几个员工在评论、吐槽你的上司。你会从这个经历中学到什么？你是在表面上融入他们，迎合这些还不认识的人？还是你会先按兵不动，自己判断清楚局面？

人类有能力预览和评估可能塑造我们行为的模式，这种类型的可视化需要意识和执行专注力。在团体中，人们很容易会跟风效仿他人的行为，但在这种情况下，让专注力聚焦自我意识、目标动机和下一步计划，可以帮你创造更好的结果。

你关注谁？你希望被谁关注

如果你喜欢狗，你可能曾经被人们所说的狗狗眼所左右。狗是有意用如此恳切的表情看着我们吗？有研究表明，是的。也许它们是从与人类交流的过程中进化出这种技能，也许是当人类看到它们恳求的表情后，会给予它们任何想要的东西（如食物、饮料、在温暖的日子里去户外散步），而这一技能也因此慢慢强化。研究人员发现，当我们关注狗时，它们会表现出更多的面部动作，包括扬起眉毛、让眼睛变大、吐出舌头。我们认为宠物展示出这些交流形式是意料之中的事，而且还享受其中。你的狗真的知晓你的这种心理吗？很有可能。

狗也能识别你的面部表情。和其他信息一起，你的面部表情告诉狗狗们，你在什么时候会关注它们，当然，狗通常也喜欢受到关注。事实上，研究表明，狗更喜欢从一个专注于它们的人那里获取信息。这种偏好是一种古老而有价值的工具，在人类身上也有体现。在某种程度上，这种行为类似于我们的黄金法则概念：你对别人的关注，要像你希望自己能获得他人关注一样。

关注同事、客户和顾客，可以建立信任和其他积极的情绪。可以把这种讨喜的技能加入你的工具箱中。这一技能满足了人的自然学习方式，以便更好地与其他人打交道，顺利进行任务。

试试这样做！

将一个适当的面部表情信息，同步对应你对别人说的话，以及你听到别人说的话。这将会产生不一样的效果，并改善沟通。试着用一面镜子练习这个技能，想象你正处于一个重要的场景中，问自己："我的表情应该传达什么信息？鉴于当时的情况和我们共同的目标，对方会如何看待我的表情？"这个练习将帮助你，使你表达的信息变得更精准，因为它可以让你探索不同的选项，然后选择那个最佳表达。

有时候，你需要一点灵感才能开始做这个练习。我建议把你认识的、真正擅长这项技能的人可视化，问自己："在他们所有的表情中，有哪些是我改编的？考虑几个表情，想想眼睛、姿势、微笑、手势等等。他们会如何向那个即将与我们见面的人展示自己？"在探索更有表现力的沟通方式之前，先从微调你的肢体语言开始。考虑一下你希望他人如何看待自己——专注、亲切、兴致盎然。你可以写一份自己的清单，先在职场以外的人身上试一下你的新技能，然后再真正上路实践。

声音：提高专注力的重要影响因素

大象和人类以及其他许多动物一样，经常依靠声音来做出判断。经测试，大象可以通过听某人的声音来区分其年龄、性别，甚至种族。大象对声音的高敏感度可以帮助它们识别出生存威胁，当它们感到痛苦时，它们甚至会用声音来安慰对方。事实上，声音是改变头脑的最强心理状态影响因素之一。你有没有在经历了艰难的一天后，直奔你的汽车，立即打开阿黛尔、大卫·马修斯（David Matthews）或滚石乐队的歌，用音乐来抚慰心灵？你或许有其他喜欢的音乐人，但你应该能明白我想表达的意思。声音和音乐的安慰力量深受人类的喜爱，简直是上天的恩赐。

历史上，声音被认为是第一种药物，这一观点在今天仍然具有影响力。希腊神祇阿波罗是音乐与医学之神，他被认为是健康和治疗的最初起源，在希波克拉底誓言中被列在首位，即使在今天，全球各地的医学毕业生都要背诵希波克拉底誓言。古希腊哲学家和数学家毕达哥拉斯生活在公元前570年至前490年，他对声音的力量非常着迷，认为宇宙中的声音都可以用数学计算出来。他计算的一个惊人例子，是他测量了一种名为独弦琴的单弦乐器上的音符。虽然他缺乏现代技术，但他对音程的测量是完美的，在今天也是如此。他并没有止步于此，他提出猜想，认为声音的振动可以对宇宙中的万物产生影响，包括身体器官。

声音对专注力训练非常重要。当你还是一个正在发育的胚胎之时，身边环绕着母亲的心跳声，还有胎盘和脐带的声音。你的内心、你的器官倾听这些声音，你的身心会对其做出反应。这是因为声音和音乐的核心特征与大脑的核心特征相同：节奏、振幅、共鸣、不和谐音和协同性。声音这种神奇灵药可以使你的身体和精神状态发生变化，而且速度很快。声音是人类最喜欢的“药物”之一。

用声音来安慰他人是普遍存在的现象。其中一个例子就是母亲式语言，这种语言可以定义为父母为了安抚婴儿、缓解他们的痛苦或使他们更开心而发出的呀呀声。无论父母的母语是什么，母亲式语言通常都涉及元音：哦哦哦、啊啊啊，以及咦咦咦。

为了实现自我转变，你最强有力的资本之一，就是你能够有意识地将声音、预测性意识、对其他感官细节的关注等工具结合起来，并通过自我意识、视觉化和反思，有意识地在你的行为中预设和强化这些工具。到了这一步，这种有意组织起来的锻炼法是你独创的。你应该信任这一方法，且要经常使用。

★ 练习篇 ★

从重要经历中汲取经验教训

大脑会自动更新在关键经历中该如何思考、感受和行动的信息，还会保存更新后的联结，用以指导你在未来发现自己面临类似体验时，你该作何行动，这一练习让你可以利用大脑的这个特点，你所要做的，就是在事后找一个安静而合适的时间来反思自己的经历。你可以在当天晚些时候，甚至在第二天进行反思。反思步骤如下：

1. 运用可视化技巧，想象出事件发生之时的环境和场景。

2. 问一问自己，你最初想要从这件事上得到什么结果。提升正念，让你能看清楚你的初衷。

3. 接下来，问自己："我的意图实现了吗？是什么帮助我实现了意图？有什么事情是别人希望我不要这样做的吗？有什么事情是我在今后想要做出改变的吗？"

4. 如果有你想要做出改变的事情，想象自己在同样的环境和场景里，做出这些新的行动。花点时间看看这些行为的效果如何，在必要的地方编辑这些行为，还要记住让灵活性成为你应对未来类似情况的战略中的一部分。

5. 在类似经历即将到来之前，重新审视这个可视化创造出来的场景。

将声音与一个特定的理想心态联系起来

这一练习会运用到自我、运动、环境、声音和记忆等要素。

1. 选择一个你希望自己能更好控制的、即将发生的场景。

2. 提醒自己你的总目标是什么，问问自己："为什么这一目标很重要？"

3. 选出你需要的保证自己表现良好的最重要行为，问问自己："为什么这个具体行为如此重要？"

4. 确定一首你喜欢的歌曲（可以是有歌词的歌曲，或乐器演奏的纯音乐），这首歌应该要能强调上述你所确定的具体行为。

5. 将这首歌储存在手机或其他电子设备上，当你运用可视化技巧，想象自己身处上述提到的场景中时，将这首歌作为背景音乐。倾听你所选歌曲正在传递的信息，看到它在预期的环境中塑造你的行动。从各个角度看自己，特别是要从他人的角度出发看自己。如有必要，调整你的行为。当你进行调整时，你可能会希望改变你向自己传递的声音信息，选择一首更适合当下场景的歌。

6. 当可视化和背景音乐成功地与你的最佳行为实现同步，并能指导你的最佳行为时，你可以在活动前几天随机频繁地使用这些技巧，然后在活动开始之前和结束之后立刻再次使用。如有需要，可随后微调。

使用意象来训练你的理想思维方式

像上个练习一样，本次练习会运用到自我、运动、环境、意象和记忆等要素。

1. 模仿拳王阿里的“像蝴蝶一样飞舞，像蜜蜂一样蜇人”的名言，在即将发生的具体事件中，创造一个类似的力量短语来指导你的行动、思想和感情，该力量短语只需有一行字的长短即可。

2. 在真正的事件发生之前，想象自己身处其中，就像在一部心灵电影中一样，在整个场景中穿插你的口头禅/力量短语。从各个角度看自己，特别是从别人的角度出发看自己，因为你的口头禅会使你的表现更加敏锐。

3. 如有必要，编辑你的口头禅和行为。

4. 当这一画面成功地与你的行为实现同步，并且可以指导行为时，重复这一可视化过程。

5. 在事情开始的几天前，可随机多次重复这一过程，然后，在事情开始之前和结束之后要立刻再次重复这一过程。如有需要，可随后微调。

THE 12 RULES OF ATTENTION

第六章

瞬间专注力

法则 6

通过扫视调动瞬间专注力，帮助获取重要边际信息。

还记不记得你的老师曾经告诉你，他们可以监视你，因为他们的后脑勺上也长着眼睛。有意思的是，他们说的也算对。你可能有过这样的经历：在一个与工作有关的研讨会上，或是在一个类似的场合里，你把专注力集中到房间的前端。突然间，从相邻的房间里传来一阵吵闹声，你立刻放弃了当下的专注，把专注力转向侵入的周围的声音。在一种情况下能使你迅速偏离轨道的大脑自动功能，能在另一种情况下成为一种好工具吗?

这种信息收集机制也被称为扫视信息或要点，是连接到你的专注力网络中的一部分。事实上，你可以做到只需简单地看一眼，就能飞快地获取很多信息，而且你利用这一机制可以做的事情，比你想象的更多。其所需的，只有一个眼神的移动，一段原音播放，或者其他感官数据的一个暗示。该机制让你快速获取外部图像、声音，以及其他感官信息，或者是在一瞥之间，将你的专注力转移到内部，以识别你内心正在发生的、可能在短时间内影响你表现的事情。这可以包括对类似场景的记忆，以及任何生理或者心理感受（例如，你可能会感到饥饿、沮丧或过度自信）。知道如何以及何时开放你的专注力，关注边缘细节，有助于你从这个有趣的机制中获得最大的利益。然而，就像我们所知道的许多关于专注力的事情一样，要了解如何运用扫视要点这一技术，其中一步是要看到它的两面性——换言之，要确定要点在什么时候是有利的，在什么时候是不利的。

我们所生活的社会里，有很多事情似乎都发生在转瞬之间——从推特到短信，再到在手机屏幕上查看股市行情，仿佛是科技正在帮助我们训练这种瞬间获取信息的功能。事实上，你只需要几毫秒的时间，就能扫视事物，处理新信息。电影制作人通过使用蒙太奇等技术，将画面切分成不同场景，创造出马赛克一般的画面，可以在几秒钟内讲述几年内发生的故事，调动我们的瞬间专注力。例如，在艺术上广受好评的电影《罗拉快跑》（*Run Lola Run*）就利用了这一技术，在几毫秒内将闪电般速度的剪辑画面播放出来，从而产生了很高的戏剧性。

你通常可以在第一次眼神接触时，捕捉到视觉要点。例如，在美国堪萨斯州立大学（Kansas State University）的一个图像测试实验中，研究人员以极高的速度在参加实验的人员面前放映图片。仅在几毫秒内，人们就能识别出图像显示的场景是海滩、餐厅还是街景。

此外，声音和其他感官信息也可以在毫秒内被识别，并对你产生影响。考虑一下这个场景：一个服务员端着一盘主菜穿过餐厅，你看了他一眼，然后把专注力转回到你与同桌的人的谈话上。然后，你听到一阵木头和金属碰撞的声音，你甚至连看都不用看，立刻就知道发生了什么事情：服务员撞到了椅子上。你只需要在之前看过一眼，就能知道在服务员走的那条道上，有一张桌子是空的，椅子也是空的。

研究继续以更具体的方式来确定我们的视觉会去注意哪些位于边缘的事物。我们倾向于在心理层面上去扫视的三个基本元素是物体、描述性细节信息和空间关系。一个例子是海滩上空的云彩，以及远处的地平线。你的扫描能力依赖于其他能力，例如你此前的学习和记忆，包括情感记忆。这些因素共同作用，使你能够建立预测和预期。

比如，你瞥见一张陌生的照片，看到海滩图像的中心有一个黑点。你之前所下载的其他信息汇聚在一起，创造了一个对你而言可能是独一无二，也可能是比较常见的背景信息。在这个例子里，过去的信息和经验让你能够识别出这个暗点是一艘船。街景中心的一系列暗影可能会促使你将它们识别为机动车。另一个具有不同学习、感受和经验的人，可能会感知到不同的背景。另外，我们快速瞥见的信息，并非全都是正确的。例如，你扫视到从柜台上掉下一个塑料杂货袋，落到了厨房地板上，如果这个袋子掉在了你的猫在阳光下通常会休息的地方，你可能会得出错误结论，认为塑料袋是你的猫。

声音也有类似的工作原理。例如，我们中有许多人都太熟悉汽车碰撞后所发出的不幸声音了。一旦你听到这种声音，你往往会立即将其与事故联系起来。

虽然你从一次扫视中辨别信息的能力可能会出错（例如刚刚那个猫的例子），但这一能力也可以帮助你避开一个潜在的大问题。例如，假设你正开车通过一个绿灯亮起的十字路口，突然，你用眼角余光瞥到有一个行人正准备从人行道上走下来，从你面前穿过。你连忙急刹车，无疑避免了一场事故。要点的一个惊人之处在于，它似乎能够将你的脑海中的边缘信息排序，这让你可以跳过使人分心的元素，维持或重置你的专注力，就像在例子中一样，你急刹车停下来，而不是因为绿灯亮起就继续开车穿过十字路口。

思考一下以下发生在罗斯琳身上的事情。我认识罗斯琳本人，她在一家通宵营业的小卖部工作。一天晚上，店里只有她一位员工，有一位顾客进来店里，罗斯琳没有发现他身上有什么特别值得注意的地方，直到他向站在柜台前的她走来。然后，罗斯琳看到他拿着一把手枪，枪口直接对准了她，要求她交出手头上的所有现金。罗斯琳当然乖乖配合，但即便如此，那人还是向她开了一枪，还是近距离射击。幸运的是，子弹没有打中罗斯琳，随后他就逃走了。后来，我问她，那人怎么会失手呢。罗斯琳说自己也不太清楚，但她说自己在一瞬间扑到了地上，“显然，我卧倒得正是时候。”她总结说，自己一定是在他开枪的时候卧倒了。

“我用眼角余光看到了一些东西，”她告诉我，“他的手或手臂有一些动作——在做些什么事情——然后我就自动扑到地上了。”

她补充说，后来她才意识到，子弹正好打在她所站的位置后面的那片墙上，说这话时，她语气中有些许震惊。也许他是故意没打中，也许不是。无论怎样，罗斯琳的反应十分精准。

在棒球比赛中，很多时候接球手只需扫视一眼，就能传杀冲出一垒偷袭二垒的击球员。同样，跑步运动员和游泳运动员在比赛中往往只需一眼，就知道什么时候该真正倾尽全力。以2016年的美国奥马哈市奥运会选拔赛为例，迈克尔·菲尔普斯在比赛中面临了来自其老友瑞安·洛赫特（Ryan Lochte）的最强挑战。两人在选拔赛中已经交锋了三次，这是洛赫特和菲尔普斯的最后一次比试。在比赛的最后一个弯道，菲尔普斯略微领先，美国娱乐与体育电视网（ESPN）当时是这样报道的：“菲尔普斯用眼角看去，看到了洛赫特，他知道自己拥有微弱的优势。”菲尔普斯用尽全力踢水，率先触壁，以三分之一秒的优势获胜。这是两人最后一次在美国对决，当时，2016年奥运会很快要举办了。

要点也适用于感觉。在职场中，这种能力可以表现为一种边际感觉——比如你可能会有一种微妙的感觉，觉得需要给自己更多的时间，来完成一个比你想象中耗时更长的项目。虽然这种感觉可能只持续几秒钟，但它可能在向你传递一个重要的信息。

请考虑下面的例子：杰克是一名沟通服务专家，在一个周六的下午，他正在为公司即将举办的员工发展日研讨会写一篇推介稿。虽然这篇稿子在周一早上之前发出去都是可以的，但是杰克下定决心要在下午3点之前把稿子发给他的助手，让助手把稿子群发出去。杰克能感觉到自己对这篇稿子的关注度在减弱，他起初以为自己可以顺顺利利地写完稿子，早早完成任务，可是事实并非如此。他的大脑在想着一篇学术论文，为了拿下他的工商管理硕士学位，杰克在工作之余上了一门课，这门课最后要求写一篇课程论文。他知道这篇论文需要花较长的时间去写作，而且将会是他多年工作的集大成之作。每隔几分钟，他心里就会闪过一种感觉，其要点是他需要将专注力从宣布开发日的推介稿中转移出来，放在大学课程论文上——这样做对两个项目都有好处。他没有理会自己的感觉要点，决心把研讨会的议程发给助手，他用电子邮件发送了一份草稿给助手，但匆忙中，他忘记标注说这是一份草稿，助手群发出去后，大家都看到了上一年的主讲人的名字。很不幸的是，那位主讲人现在已经去世了。为了加快进度，杰克在复制粘贴上一年研讨会议程的格式时，并没有删除这个名字。在这种情况下，要点感受可能是准确的，也有可能并不准确。不过，我还是建议你按下暂停键，暂时放下手边的工作，利用这些感觉为自己服务。重点关注一下这些感觉，哪怕只是一瞬间，问问自己，在没有经过三思就做出决定的情况下，衡量风险的标准是什么？有好处吗？需不需要承担责任？这些都是合理的担忧。

有时，一次内省扫视（仅在毫秒之间）可能是你所需要的，能引导你回到最适合你的轨道上。

试试这样做！

当你正参与一项任务时，可以快速自我扫视一下，确定你自己是否感到舒适、自信，在工作方法上是否保持了正确，还是你的内心正在闪过一种感觉，觉得自己的行为不太对劲。如果存在后一种感觉，请稍作停顿，问问自己：“我在这里的具体目标是什么？我想改变眼前的策略吗？”如果需要做出改变，重新思考这个问题，等你的顾虑消除后，再回到项目中去。如果没有什么需要改变的地方，那么花点时间吸收由此所产生的信心和正能量爆发。可以运用本书中的任何一个提升正念的练习来放大这种感觉，然后以精力充沛、心情愉悦的状态重新投入到项目中去。

识别一闪而过的想法

我们会从情境中迅速归纳总结出意义，但是我们通常不知道自己是如何得出这个意义的。然而，我们火速得出的结论会影响整件事情的最终走向。一眼扫视过去，你可以捕捉到整个场景：物体、声音、感觉，甚至你对它的想法。将这个“场景”和以往经验相结合，你就总结出了意义。你的头脑正在将你过去的记忆，联系到你此前在类似场景或任务中所做出的行动以及从中总结出的经验教训。你将存储的细节对比你当前的目标和环境，进行权衡。你缩小了专注力聚光灯的范围，直到它聚焦到一个特定的背景。这个过程是动态的：你会扫描细节，权衡以前的信息，得出结论，然后再重复这一过程。

例如，假设你现在在客厅里，你能听到的边际声音，有厨房里洗碗机门的关闭声，接着是叮当的一声金属声。虽然你看不到实际发生了什么，但你记得那天早上你做了饼干，你断定这个声音是洗碗机里几个烤盘相互撞击发出的声音。然而，如果从你的车底发出类似的声音，表明的可能是防护罩或其他金属部件松动了。在这种情况下，你可能会得出结论，得找修理师傅看看车。

因为大部分时间我都生活在伯克希尔地区，所以我对乡村环境中的那些声音相当熟悉。举例来说，在乡下经常会听到噼里啪啦的烟花声，尤其是在夏天的时候。不过我也认识到，一般在其他季节是听不到这种声音的——尤其是春天。在春天，当我听到类似的声音时，我就会意识到它们是从位于山顶对面的步枪运动场上传来的枪声。我是根据空间和时间背景来得出这一结论的，我知道靶场在哪里，也知道靶场营业的时间。

几年前的夏天，我有一位来自纽约市的朋友第一次来伯克希尔拜访我。有一天晚上，他特别担心会再次出现的枪声，因为他没能把他听到的声音，置于乡村的背景下去理解（其实是烟花的声音）。联想、预期、预测和结论就是像这样高度依赖于个人的记忆和背景。然而，和大多数自动功能一样，我们并不能保证其准确性，也不能保证在某种情况下，会出现最好的情况。如果你不能弄清楚一个情境的背景与另一个情境可能有什么不同，在追求任何目标的时候，你都会形成或忽略一些严重的问题。在没有暂停下来，弄清楚状况的情况下做出假设，是可能造成压力和强迫行为的一个原因。

你可以利用正念和自我意识来对压力和强迫行为进行干预，这些工具会帮助你进行自我调节，提升你在各个层面的进度。一旦你开始感受到一些关于不适、方向错误或冲突的迹象，立即使用这种调节方法是有益的。暂停一下，问自己这样的问题：“我以前对这种情况的结论，现在还适用吗？现在的这个背景环境，有什么不同之处？这个不同如何改变我的结论？”对这些问题的回答，可以帮助你把专注力放在最有益的地方。

试试这样做！

下一次，当你与一位同事进行一对一讨论时，或者在会议上做演讲时，可以考虑使用能引起听众共鸣的文字意象。为了最有效地表达观点，问问自己：“我的听众是谁？性别？年龄？背景？生活方式？”。你可以分享你的真实经历，但切记与听众互动，产生共鸣。

注重语言细节

语境细节信息的整合，也是在一瞬间完成的。例如，当你听到一个同音异意词，如英语单词 prey［意为捕食，pray（祈祷）与之同音］，或 hi［意为嗨，high（高的）与之同音］，尽管你看不到实际拼写出来的单词，但是你可以在几毫秒内，从对话的上下文中找出讲话者想要表达的意思。例如，如果你听到我说“people like to pray at church”，你可以通过 pray 这一单词与句子其他部分的关系，来判断出我要表达的意思是“人们更愿意在教堂里祈祷”。

最近，一位朋友在和同事讨论人口统计学时，用到了 sects 一词（意为教派、派系）。在谈话当中，朋友的同事回答说："What sects are you relying on most?"（你最依赖的教派是什么？）但在英语里，sects 一词与 sex（性）一词同音，所以另一位同事无意中听到了他们的谈话，惊呼："你们两个在那边说什么呢？"这次有趣的经历告诉我们，有时候我们需要更多的背景才能得出准确的结论。

就语言而言，语气是另一个赋予话语意义的因素。例如，如果你发短信问我周末过得怎么样，而我只是简单地写下"好得不得了"，你其实并不能真正了解我在周末过得好不好。如果没有听到我的语气，你无法确定我这么说是不是在反讽。事实上，我想表达的，可能正好与"好得不得了"通常的意义相反。

有时在打字时，标点符号可以有效地表达语气。例如，如果我打出来的是"好得不得了！"，你就能更好地了解我的意思。想想下面两句话的区别：我不能在那里吃。我不能在那里吃！后者暗示，这家店可能有问题。通常情况下，我们在真正听到这些话的时候，才最容易认识到这些差别。

几年前，我在20多岁的年轻人中进行了一项调查，目的是找出在一个特定的大都市地区播放的广告里，哪个广告最令他们讨厌。我们后来发现，那个最不受年轻人欢迎的广告，不是因为其内容，而是因为旁白的语气。他们认为该广告旁白的语气不真诚，不值得信任。事实上，一位调查对象表示，仅仅是在听到旁白声音的一瞬间，就足以让他伸手关掉收音机。正如我们在书中所讨论的那样，这类经历为我们的头脑提供了联结到未来类似经历的引导通道。

如上一章所述，语气还可以用来安慰以及提醒他人，要确保自己根据具体情况调整语气。利用语气为你服务，更好地传递你的要点，这样他人就不会从你的表达中得出相互矛盾的错误结论，进而阻碍你实现目标。

肢体语言的表达

正如我们之前所讨论的，你还要注意肢体语言的表达和面部表情的传递。仅仅在快速瞥了一眼后，人们就会迅速断定人群中的一张脸是否值得信赖。我们往往还会记住那些在某个时刻或某个事件中与我们的期望不一致的面孔（例如，我们最终发现，某个看起来值得信赖的人，最后却是不可信赖的一个人，这会让我们大吃一惊），这些面孔一旦记住了，就难以忘记。广告中的演员、销售人员以及所有从事与客户相关工作的人，都需要注意这一要素。请记住，当我们在试图看懂他人的面部和身体语言的时候，他们也在看我们的面部和身体语言。这将影响到我们今后对待和信任彼此的方式。

在第三章中，我们研究了弗兰克对父亲肢体语言的负面联想是如何在他没有意识到的情况下，存活在他的大脑中，并影响到他现今做出的决定。弗兰克仅仅是看了一眼类似的肢体动作，就准备放弃他真正想要实现的工作目标。幸运的是，弗兰克看到了触发这一重大阻碍的导火索。他通过有效地练习自我意识和正念反思，找到了触发点。这套方法也可以帮助你抑制——并最终消除——特定的有害边际信息的影响。反思、自我意识和正念将帮助你挖掘出负面的触发点，即使是在你没有意识到这些触发点存在的情况下，也能做到这一点。为了确保这些触发点不会让你离目标越来越远，我建议从今天开始做练习。

扫描舒适区

今天，科学接受了这样一个事实，即头脑可以对我们的身体运作方式产生重大影响，反之亦然。在我的个人发展中，以及在作为研究者的工作中，这点一直很突出。然而，头脑与身体的联系是双向的：身体可以影响到原本已经出现疲劳、抑郁或功能障碍的头脑（例如，运动后，情绪会有所改善）；昏昏欲睡、压力很大或消极倦怠的精神状态也可以对原本健康的身体产生不利的影响（例如，紧张会引起头痛或其他疼痛）。最理想的情况是，在这些情况出现之前——在你几乎就要踏入困境之时——你可以将其识别出来，在自己真正受其影响之前，做出转变，利用身体来平衡头脑，反之亦然。如果二者中有一方失去了平衡，那么想达到专注的状态是不可能的。

你可以利用自己的专注力机制来提高身体的智能和平衡能力。你是否能成功做到这一点，取决于你扫描舒适区要点的能力，因为你不可能不间断地专注于自己的舒适区。让我们再讨论几个例子。

从外部来看，你的舒适区会受到感官影响。例如，也许看到或穿上大地色系的衣服会让你平静下来，而红色的衣服则会提升你的能量。花点时间，考虑一下什么颜色是你最喜欢的心情镇静剂和能量提升剂。挑选明天要穿的衣服时，想想自己在明天将会需要什么样的精神能量，再选择与之相匹配的颜色，这样能帮助你的大脑做到专注力更集中、专注力更强。

从内部来看，你的舒适区与感觉或情绪有关。想要更加了解这些内部情感区域，可以问自己这样的问题：“是什么情绪妨碍了我完成一项任务？是什么情绪妨碍了我与某个客户的沟通？是什么情绪让我没有办法在一天结束之前，处理完应该要完成的工作？”

实现这种敏感度和平衡的方法之一，是扫描你的内部情感区域，考虑它们是否有利于你此刻的进度。你可以将扫描范围扩大到身体感受，问问自己：“我现在的能量是不是很低？我是不是觉得紧张？我是不是紧张得心怦怦直跳？我身体有任何地方出现疼痛吗？”这些步骤为你提供了一个再次充电、重新找回平衡和重新获得控制权的机会窗口。

从外部来看，你可以问自己这样的问题："我觉得暖和吗？""觉得冷吗？""我需要足够的光线吗？""我需要更安静的环境吗？""我需要一个更整洁的工作空间吗？"当你舒适区的资源能量不足时，就很难去保持良好的专注力和专注力。只要稍加练习，简单扫视一眼，你就能得出自我调节所需的调整方式。

你的执行专注力机制让你能够抵制与目标不相关的即时冲动，更多地关注可识别的需求，比如提升你的精神和/或身体能量，或者平衡情绪干扰元素。正如我们所指出的，如果在这些冲突变成长期的存在之前，你就能抓住它们，那就最好了。关键是要学会熟悉自己的预警信号，并能在一眼之间就监测到它们。

当你在考虑自己在某一时刻的感受时，考虑一下你的焦虑程度。众所周知，我们需要一定量的焦虑来促使自己拿出最佳状态，然而这中间的平衡十分微妙，焦虑程度只要稍高一点点，就会产生强烈的负面影响，足以使你偏离完成任务所需的细节信息。此处的好消息是，你也可以在这方面做一些努力。通过扫视捕捉到显示自己焦虑的细节，意识到并理解你的情感区域发出的早期信号，你就可以控制这些信号。

要记住，人类拥有独特的可视化和选择能力，可以使用不同的能影响我们头脑的领域的信息。你还可以产生自上而下的提示，左右头脑的运转方式，包括扫描你的情绪、记忆、外部细节和当前的任务；确定你在平时的感受和在具体情境中的感受；在做出进一步的行动之前，确定在所有影响你表现的子系统中，是否有需要先处理的系统。然后，按照对你所处场景最有利的方案继续行动。

你大脑总结要点的能力让你能在短短的几分之一秒内就接收到大量的感官信息。利用这些信息，定期扫描你的内部和外部区域，并使之与你的目标保持平衡。

★ 练习篇 ★

寻找不平衡

有时候，你只需要扫视一眼，头脑就可以回归专注的状态。如果你很难保持对任务的专注，可以快速地扫视一下对你产生影响的外部和内部因素。

1. 问问自己：有哪些看起来是相关的且应该处理的信息？有哪些是不相关的信息？

2. 你对相关性或不相关性的评估，是突然开始的吗？为什么会这样？

3. 对于你现在处理任务的方式，你有任何想要改变的地方吗？

把任务再看一遍，识别出任何打断你专注心态的干扰性元素。考虑一下应该在何时解决这些问题，以及要用何种方式解决这些问题。之后，利用反思来调整和学习，在下一次出现类似干扰信息的时候，你会不会做一些不同的事情来迅速回归专注。这样做可以牢牢记住技巧和行动，并将二者与未来要做的事情联系起来，如此一来，你以后就能自动回避类似问题。

做公共演讲和创建演示文档的技巧

音乐家、演员和专业的演讲家要能判断出听众的参与度、听众是否抓住了演讲的重要内容、听众对什么反响最佳。通过一些练习，你也可以做出这些判断。在你下一次进行演讲的时候，试着扫视一眼，看看听众是否参与其中，也可以看看他们对什么细节信息最感兴趣。

如果你演讲的场地较大，需要有一个讲台，你可以试着在房里走动，至少走到第一排的座位上。你甚至可以走到房间的后面或侧面，在那里短暂停留。要与坐在不同区域的听众有眼神交流，只需要一个眼神便够了。如果你注意到有人在积极地回应，应当有一个细节信息可以直接作用于他或她的身上，你甚至可以直接与其对话。

如果你在演示文档里插入图像，减少文字，你的演讲方式则可以变得更像是与听众交谈。这样一来，只需快速看一眼屏幕上的图像，你就能想好自己要说的话。正如我们已经讨论过的，最好的图像是那些与你的听众的经历有关，同时也与你自己的经历有关的图像。最好的眼神交流，是当你与一个好友吃饭，在谈论到对你们二人都有意义的话时的那种眼神交流。

我也建议在演讲后使用反思技巧，这样做可以帮助你看到自己在哪些地方成功了，在哪些地方失败了，以便在下次演讲时做出针对性的调整。

THE 12 RULES OF ATTENTION

第七章

是什么偷走了我们的专注力

法则 7

制定灵活策略，延长专注力持续时间。

比尔是一家城市艺术中心的管理者。在一个周日的深夜，他正在对第二天要提交的一份资助申请做最后的编辑和修改。他太累了，思维几乎停止运作，而且申请书也只剩下几处地方需要修改而已，于是他停止修改，上床睡觉。第二天早上，手机闹钟响了以后，他按了好几次“继续睡觉”按键后才起身下床。他很想再睡一个小时，但那是不可能的。随着时间慢慢过去，一件又一件事等着比尔去做，生活变得忙碌起来。资助申请这件事情，在比尔的待办事项清单上的排名越滑越低。那天下午，当他终于有时间自由地思考时，他想起申请上还有一部分需要修改——但他不记得需要在哪些部分上多花一点时间了。前一天深夜的劳累，加上今天一天的忙碌，他感觉体力和精力都出现了问题。他把申请表上下看了几遍，但还是找不到任何有关修改的内容来唤起他的记忆。更糟糕的是，为了按时完成申请书，他所承受的压力越来越大。他做出了一个执行性决定，按下了发送键，在没有后续修改的情况下把申请表发了出去，希望不会出错。

在类似的压力下，我们中的许多人都有过像比尔这样的经历。我们会用“没办法，只能这么做了”这样的话来为自己面临的困境找借口。然后，我们匆忙地完成任务，希望能出现最好的结果。

像比尔一样，你可能会经常发现，自己的专注力就像无线电信号一样起起落落，信号从强到好或一般，有时还会变得很弱。你的专注力很容易就会停工，让你猝不及防，记忆也很容易就罢工。有时候，你觉得脑子里迷迷糊糊的，就像是在大雾中试图找到自己的方向。

我们人类的适应能力相当强，但有时这种能力带来的危害更大。当我们的能量快耗尽时，为了适应这种情况，我们可能会偷懒走捷径、匆忙赶时间完成任务、做出不符合我们最佳利益的选择。有时，我们会无法注意到某些与任务相关的细节、事实、对象、概念、沟通和人际选择——即使这些东西就在我们眼前。甚至在我们无法看到重要的细节的同时，我们还可能明显地被不相关的细节所吸引——这是继忽视相关信息之后，我们在努力实现目标过程中的二次脱轨。

疲劳让我们容易犯错，因为记忆回路关闭了。因此，在我们的记忆中，关于我们此前或许成功处理过某事的方式的联结，也会关闭。我们的组织能力也会受到冲击。我们倾向于选择不够好，有时甚至是不正确的行动，当这些因素相互作用时，我们很容易陷入一个不断恶化的循环之中。

你有没有曾将一杯咖啡放在桌上，却忘了自己做过这件事，随后把这杯咖啡打翻在重要的文件上？或者你有没有发现自己在讲话当中没办法刹车，说出了一些本不想说的话？在公共演讲和广播媒体领域，有许多出现这样错误的好玩例子——也有一些不是那么有趣的例子。事实上，在直播中出现这样的失误真是太常见了，你可以在网上找到大量搞笑的失误镜头（甚至可以订阅这样的频道）。我最喜欢的一个镜头，是一个天气播报员试图从新闻部分切换到她负责的天气部分。在现场直播的过程中，她出现在镜头前的时候，正在说：“我们下面再仔细看看，啊——”然后她意识到了自己的口误，就停了下来，纠正错误后继续播报。

“概率”，她继续说，特意强调正确的词。“下雨的概率！”她笑得很开心，又说：“哦，好险啊！”

在同一组失误花絮集锦中，另一档节目的主持人把咖啡洒在桌子上，还洒到了他搭档身上。还有一位新闻主播在直播中走过演播室时，被一个盒子绊倒。她大声惊呼，声音越来越大：“哇啊啊啊，你们都看到了吗？这都在电视上播出去了，对不对？”然后她笑着继续往前走。

所有的机构都会出现失误。当我在演讲中谈及这些失误时，人们都喜欢用幽默和谦虚的语气来谈论自己犯下的错误。当然，虽然我们的很多例子中的失误都是小错误，但这并不意味着这样的失误总是有趣的，有时候，这些失误可能造成严重的后果。问问任何一位政治家、教育家或商人，他们肯定有所体会。

那么，有什么东西能迅速偷走你的专注力，让你犯下大错呢？正如我们一直在讨论的那样，自动化在这方面高居榜首。然而，在我们具体探讨自动化是如何消耗或加强你的专注力之前，我想讨论一下其他因素是如何偷走你的专注力持续时间。这些因素包括压力、情绪、体内的激素分泌情况，以及一些看似相当无害的东西——个人信念——然而这些因素却能在一瞬间就偷走你的专注力。在本章结尾处，你会注意到，这四个因素都会影响你的记忆，而且每一个因素都会与其他因素相互作用。当这些因素相互作用时，它们对你的影响强度就会进一步提高。你要做的就是消除这些因素的负面影响，利用它们的积极作用来维持一种对你实现目标有利的思维模式。

控制能量消耗

当你缺乏能量时，你就不能关注很多事情；当你缺乏正确的能量时，你就不能做好任何事情。例如，为了保持良好的工作记忆、处理信息的能力和精力的集中，我们需要一定的能量。仅仅只是为了感觉良好，也需要能量。但你身体的能量资源并非取之不尽、用之不竭，因此，没有人可以一直保持以一种思维模式——比如说，分析性的思维模式——来思考。能量总有耗尽之时，届时，你犯错误的风险也会成倍增加。为了避免出现这种情况，你需要控制你的能量消耗，以确保你的精神和身体有足够的优质能量来完成你所承担的任务。消耗多少？在一定程度上，这将取决于你所做的任务和你本人。例如，解决一道困难的数学题、弹钢琴、仰卧推举350磅（大约317斤）的重物，三种任务所需的能量类型和数量都不同。

我可以给你提供这样一种方法，作为衡量标准：当你感觉到自己的能量储备已经降低到80%以下的时候，是时候考虑从能量消耗转换到能量积累模式了。能量储备低于80%的时候，不满和烦躁的情绪开始出现，你最好暂停一下，恢复平衡。我们在专注力训练中的一部分工作就是增加我们的能量培养工具。这种模式上的转变可以提供即时的缓解，给你的储备油箱加满油，让你保持积极性，按计划行事，保持专注。你可以用本书中提到的任何一种技巧来做到这一点，这些技巧适合各种情况，并能让你的优质能量整天都保持流动。

认知和调节压力

压力会在无形中取走你体内的能量。压力打乱了你的专注力持续时长，也扰乱了你专注于当下重要事物的能力，致使你犯错。

正如本书前言中所指出的，盖洛普咨询公司的报告称，美国人是全世界承受压力最大的人群之一。根据他们的研究，“据悉，有55%的美国人在白天感到压力很大，有45%的人经常感觉到担忧，有超过五分之一（22%）的人称自己经常感到愤怒”。压力是长期紧张的结果，有时候，紧张的情绪看似没有尽头。然而，我想说，你可以将紧张从你的专注力光束中清除掉。

首先，我们需要学习一点背景知识。压力是双向的，它改变了你身体的电化学活动、生物活动和心理活动。然后每一个循环都会反过来影响你所感受到的压力强度，也就是说，不加控制的压力会变成一个恶性循环。

让我们考虑一下你身体的电活动。压力会影响你的脑电波，反之也一样，而脑电波则是你大脑中的电流，你的大脑想要进入平静或兴奋的状态，一种方法是改变你脑电波的速度，让脑电波运行得更快或更慢。较高的速度与清醒、兴奋和压力的状态有关；较低的速度与平静、睡眠和做梦的状态有关。通过提高或降低脑电波的频率，你的大脑可以达到不同程度的平静状态或警觉状态。自我调节这一过程可以在很大程度上帮助维持更久的专注力持续时间，好消息是，你可以自我调节这个过程。

你的脑电波，从最高频率到最低频率，分别被称为β（beta）、α（alpha）、θ（theta）和δ（delta）。高频率的β脑电波范围与高度精神唤醒有关，在精神高度集中的时刻，你可能会体验到这一点。不幸的是，因为β脑电波也与压力、焦虑和决定战斗或逃跑的反应相关，所以它还可以让你进入紧张状态。相比之下，α脑电波的速度较慢，与放松、专注和警惕的状态有关。α脑电波与正念的状态相关，可以刺激更快、更自信的决策，还能让你的头脑可以很好地进行创造性思考。θ脑电波的速度更慢，与睡眠和清醒之间的精神状态有关。δ脑电波最慢，与无梦的深度睡眠有关。

哪种头脑状态是最佳状态呢？当你在进行高强度的数学计算时，你的α脑电波和θ脑电波会自然地下降，而β脑电波则会上升，让你的专注力更加敏锐。因此，这一问题的答案，取决于你在某一时刻的需求。但有时——由于能量不足、压力和其他因素——你需要自我调节这一过程。如果不加以注意，很容易陷入能量下降、压力增大、出现失误和疲劳情绪等的恶性循环中。专注力训练就是要将这一负能量循环关掉，然后有意识地把脑电波调高或调低，以最佳的精神状态来实现你的目标。

让我们看看压力是如何影响这种生理心理活动的。压力可以理解为一种心理和生理上的痛苦，当我们感觉受到威胁，或无力应付某些人和情况时，就会感觉到压力。这是一种常见的体验，就像你担心胸前突然出现的一颗痣是癌症的表现，或者担心你的头痛是脑瘤的前兆。没有人会刻意去承受压力，压力不请自来。

同样，你对压力的认知也会引导压力。例如，当你站在截止日期门前时，你可能会感到不知所措，而你的同事在类似的压力下，可能会享受与时间赛跑的感觉。工作和截止日期都是一样的，但你们的认知却不同。当你感到有压力时，你会耗费精力，消耗专注力持续时间。

这需要我们去调节其中的平衡。例如，某些程度的压力实际上有助于我们应对生活中的不确定性和挑战。试想一下，一位在一垒上的棒球手，他正在考虑去抢二垒。他瞥见有一个球出乎意料地向这边抛了过来，试图把他传杀出局。瞬间，他的大脑分泌出一股肾上腺素，这一激素通过血液流通，刺激他去直面问题。他的脉搏加快，血压上升，呼吸加速。这些变化将更多的氧气输送到他的大脑和肌肉中，这有助于他去盗垒。

事实上，肾上腺素在日常生活中还可以发挥更进一步的作用。肾上腺素能加强你的专注力和记忆力，将二者联系在一起，更好地提升行动表现。肾上腺素还能减少痛苦，让行动更加轻松，包括生理行动和精神行动。在体育比赛中，经常可见运动员在肾上腺素的刺激下，尽管有伤在身，例如骨折或肌肉损伤，但仍然有惊人表现的例子。

但是，过多的肾上腺素也会削弱表现。如不加控制，压力会消耗生理和心理能量，让你没有足够的能量在专注的状态中管理自己的一天。这样的压力会让你觉得疲惫不堪，思维、情感和决策很容易就被削弱。任何一个参加过考试的人都经历过头脑死机的时刻，其中一个原因是，当肾上腺素不足时，你身体的另一种激素——皮质醇——就会发挥作用。一定量的皮质醇，就像肾上腺素一样，是达到最佳表现和保持良好专注力的必要条件。然而，如果你让皮质醇长期参与发挥作用，皮质醇就会背叛你，干扰你处理、组织和回忆信息的能力。过多的皮质醇会降低你的自尊心，使你失去信心。就像一头被车灯迷住的小鹿，过量皮质醇会导致你在关键时刻突然愣住、说不出话。再次强调，平衡是关键。

当你有压力时，你很少会主动停下手头的工作，去享受人生的美好，你甚至从来没有过这份闲情逸致。这是因为压力是一种副作用，会让你的专注力远离你周围的正能量影响元素，切断了你世界中的单纯正能量，你就更难克服压力。你最终会遇到一个接一个的磨难，在这一模式下，你很容易出现倦怠。最终，你走得更累，储备的能量更少。更深层次的职场、学业、社交或家庭问题，都遵守这一公式。

为了使能量恢复平衡，你可以做的一件事是扩大关注范围，重新打开头脑大门，吸收积极的环境影响因素。你需要在你的世界里看到积极的一面，你需要知道积极的事物触手可及。从积极心理学的角度来看，有时候，你要做的仅仅就是看向窗外。

另一种可以缓解心境的方法，是改变你的操作方式，从一种让你感到压力的能量消耗心态，转变为一种能促进能量培养的心态。倾听音乐和自然界里的声音是我最喜欢用的方法。

试试这样做！

聆听音乐或自然界声音，如强劲的瀑布声或轻柔的微风声，都是很棒的工具，可以帮助你扭转压力，用积极的能量填满自己的能量储备池。先将专注力集中于自我内部，这样做可以帮助你认识到，压力之所以出现，是因为感觉到能量太低——例如，你觉得自己没有足够的能量来成功完成任务，还是因为拥有太多的能量。然后，根据你需要平衡的能量类型，找到一种你觉得会有唤醒或镇定效果的乐曲或自然界声音。要想让这个方法奏效，你需要选择你真正喜欢且符合你目标的声音。例如，你喜欢雷鸣般的瀑布声或响亮、狂野、快节奏的金属乐，这类声音可以让你在做仰卧推举时精力充沛；当你准备攻克数学方程式时，轻柔的微风声或一首莫扎特奏鸣曲或许可以让你气定神闲。同样，当你准备睡觉时，一首优雅平静的小夜曲或许可以让你心安神定。把选好的曲子储存在手机上，如此一来，在任何你觉得自己需要放松的时候，你马上就能找到这些曲子。每当你需要从这些有益的音乐中汲取能量时，只要按下播放键就可以了。

对重要的事情保持专注

在一天中，你有多少次觉得自己脑子里想的事太多？我们体内的某种机制让我们认识到，这种状态会削弱我们的专注力集中程度。

放松一下，可以让你立刻得到缓解。你要做的其实很简单，聊聊天、散散步、看看窗外，或者做一些轻度冥想，这些可能就足以让你提振精神。

让自己变得更有条理，也可以帮助你应对脑子里的一团乱麻。例如，你可以制定一个或多个应对即将发生之事的方法，这样做将帮助你在事情真正发生的时候，减少关注会分散专注力的细节信息。可以考虑在每天的生活中融入这项技能，但切记不要制订不可调节的计划，这样的计划就像是套在脖子上的白绫，反而会束缚你。知道你自己在策略上有一定的灵活性，这对减轻压力很重要。

当你去到单位时，可以考虑选定一个今日最重要的目标——为的就是减少思绪混乱。你可以在一天中随机提醒自己该目标，帮助你对重要的事情保持专注。我很喜欢利用手机实现目标提醒，以此产生积极的思维方式。一个简单的方法是给自己做一个便签提醒，并保存到手机上，你也可以给自己发一条短信或一封电子邮件，说明目标是什么。有几个很好用的应用程序，你可以去看看，如微软自带的便签和苹果的备忘录，你可以利用这些程序，创建一些好看的提醒，放在你的设备上。回避是另一种减少思绪混乱的方法——不过仅限于某些时候。在适当的时候回避工作上的某些事情，对心理是有益的，但也可能会消耗你的精神能量。

例如，你可以允许自己在心理上将某些与工作相关的细节捆绑在一起，比如出于某项任务的需要，或是因为缺乏跟进所需的信息，你必须要打的电话，或者是你想避开一个与行政人员一起开的会议。打个比方，你可以把这些事情放在一个心灵保险箱里，锁上门，允许自己在更合适的时候打开它。这种方法的妙处在于，你可以告诉自己，对你而言，哪个时间是最合适的，比如“我会在四点钟给申请办公室打电话，询问贷款的结果”，或者“我会在周五早上和行政人员讨论新的营销策略”。使用这种方法的临界点，是需要考虑在这件事情上的停留或等待，是否会诱发更多压力。因此，再次强调，平衡是关键。

情绪因素

调节情绪包括确定你在特定情绪影响下擅长做什么，然后为自己安排这些活动。然而，像能量不足和压力源一样，你的情绪也会误导你的专注力。正如我们之前所讨论的，感到忧郁或沮丧会消耗你的专注力持续时间，并削弱你的记忆力。打个比方，如果你是那种看到一个装着半杯水的杯子就认为玻璃杯是半空的人，你可能会以消极的眼光看待与潜在工作机会相关的细节，你可能会假设这些机会的获得需要付出过多努力，或者这些机会已经被人做过手脚，只会有利于他人，而不会使你受益。这样的错误认知往往会导致你做出不利的决定，产生更多的压力和不快乐的情绪。有时，我们都会感到沮丧、愤怒或恐惧。然而，在这些时候，我们可以通过承认并应对这些情绪，以此来练习自我调节。

重要的是要意识到，负面情绪在何时已经发挥了其应尽的作用，这时，你就应该放弃这种情绪。例如，你对一个潜在的健康问题感觉到了恐惧，你的肾上腺素和皮质醇飙升，足以让你明确下一步该做什么：预约看医生，在医生那里，问题可以得到解决。一旦你预约医生之后，你就可以告诉自己，你的恐惧已经完成了其本职工作，带你去了你需要去的地方——医生的诊室，如果再保留这种恐惧情绪，只会产生负面作用。

有时候，你甚至可能需要在某个情境中感受到压抑，利用这种情绪让你放慢脚步，以便重新思考当下的决定。以下的自我扫描将帮助你理解一种情绪在传递什么内容，问自己以下这些问题：

- 我有什么感觉？
- 在这个特定的时刻，有这样的感觉能给我带来什么好处吗？
- 在这种状态下，我可以更好地进行哪些活动？

举个例子，你可能会意识到，当你感觉到情绪低落的时候，并不是打电话或进行采访的有利时机。然而，这种状态可能很适合让你在安静的空间里分析材料，因为当你放慢移动和思考速度时，你的批判性技能会被激发出来。

调节情绪这一概念也适用于积极情绪，因为有的积极情绪也会误导你的专注力。例如，当你兴奋时，你对事物的批判性眼光可能会减弱，更有可能错过一个在其他状态下能够发现的战略细节。你也可能会接下更多自己无法承担的工作。最好的应对方法是内省，让自己能意识到这一点。

如前所述，你要做的，是找出在各种情绪的特定影响下，你做得最好的活动分别是什么，将二者相匹配。这可以帮助你以更积极的心态迎接任务，并将这种良好的感觉转移到你一天的工作中去。如果因外科手术、其他健康问题或者一般问题，你需要有一段恢复期，但你又必须在这期间工作，在这种时候，这一策略也非常有用。

让我分享一个我自己生活中的例子。当我情绪稳定时，我往往能更好地阅读（和倾听他人的想法），所以我知道那是我伸手去拿一本书或一份信息报告的好时机。当我情绪低落时，我同样也能沉迷于分析性的工作，而且效率颇高。这样一来，处理好分析业务对我而言便是一份奖励，让自己沉浸其中，能帮助我摆脱忧郁，因为我的精力开始重新投入到专注的状态中去。沉迷于积极的活动中，即使只是一小会儿，也会给你带来你所需要的转机，让你回到更积极的道路上，也能帮你更容易地保持积极的态度。

试试这样做！

练习让自己保持上述意识。列举一项与工作有关的积极活动，你这项活动做得比较好的时候，你正感受到：

- 因事情而产生的抑郁
- 悲伤
- 愤怒

听从激素的指令

除了肾上腺素和皮质醇，对你专注力影响最大的其他大脑因素还包括多巴胺、血清素和性激素。这些激素会影响你的情绪，以及引导你的专注力关注某些细节，忽视其他细节。这种引导在某些情况下是有利的，但在另一些情况下又会引发麻烦。因此，能敏感地意识到这些激素的微妙影响，将帮助你控制它们，形成更强、更准确的专注力，并最终形成选择性专注力，让我们来具体看看。

和肾上腺素一样，体内的化学变化并不总是坏事。例如，运动和其他一些活动会让人自然地产生“快感”，对这种现象的研究，至今已成为大脑研究的最热门领域之一。今天，我们知道，在期待或接受好消息时，人类大脑会释放人体自己产生的、让人感觉良好的激素，对此时的人类大脑进行扫描，结果显示，这时的大脑与可卡因成瘾者的大脑扫描结果有着不可思议的相似之处。事实上，当你读到这本书时，在你大脑中活跃着的任何一种化学物质，其作用都十分强烈，在现实中，只有执业医师才有资格开这么大量的激素。由此得出的重要启示是，你可以学会调节这些化学变化，以达到更敏锐、更符合目标任务的精神状态。你可以利用这些激素，自然而然地在一天中保持方向，同时能做到精力更充足、心情更轻松、精准度更高。

● 多巴胺

多巴胺是你大脑自我产生的兴奋药物，与奖励行为有关（因奖励行为而分泌）。例如，当你察觉到你与潜在客户进行了一次富有成效的谈话，或者你听到了一首你喜欢的音乐，或者你看到服务员端着盛有晚餐的托盘走向你的餐桌时，你会感到很愉悦，而这种好心情的部分原因是释放到你血液中的多巴胺。在镇定效果方面，多巴胺有实打实的效果，它是你最强的神经递质之一。你可以简单参与给你带来快乐的活动——以及让这些活动得以发生的其他一切事情——诱导多巴胺的产生。在这个过程中，激素的好处和潜在危害都有所体现。由于多巴胺可以把一种行为转变成带有奖励性质的行为，在大多数使人成瘾的活动中，多巴胺都发挥了作用，所以你必须注意你把多巴胺与什么样的活动联系起来。一旦你把一种行为与快乐联系起来，多巴胺就会加强你的动机和行为。比如说，把迟到这样的有害行为变成一种带有奖励性质的活动，这样做简直易如反掌。

不过，你可以使用几个自然积极的方法，来控制你的多巴胺分泌，包括引导想象、自然声音和音乐，单独使用其中一种，或结合起来使用都可以。这些方法可以诱导分泌更多的多巴胺，并延长其作用时间。你也可以学会在几个你选中的、与目标相关的特定情形下——比如降低你对参与一个联合项目的恐惧——协调多巴胺的分泌。我认识的一位职业人士会用音乐来减少他对公开演讲的恐惧。他是这样做的，把他小时候母亲给他唱过的一首民族歌曲存在手机上，在他正式演讲前播放给自己。他说，这首歌让他体内充满极大的能量并能安抚自己的心态，这正是他所需要的。每听一次，这首歌所发挥的魔力就会变得更强。最后，他的压力模式自然而然就减轻了，取而代之的是全新的、更平静的、被多巴胺激活的脑电波模式。唱歌、吟唱、哼唱也是释放多巴胺这种大脑药品、增加专注力持续时间的有效方法。

需要提醒的是，在自我调节这种奖励性感受时，不要用力过猛。如果你把你的多巴胺分泌量调节得过高，就会造成不平衡。多巴胺过度分泌会降低你的专注力，过多的多巴胺会让你分不清什么是重要的，什么是不重要的，会在生理上吸引你去进行危险的行为，所以，感受这种激素想要表达的意思，对调节自己很重要。问问自己，你的专注力是在增强还是在受损，让达到平衡成为你的目标，记住，这意味着在平静和警觉之间，找到一个击中心灵的完美平衡点。

● 血清素

有时，血清素也可成为你的快乐激素。血清素与更好的睡眠和好心情有关，通过令人满意的睡眠、按摩和运动，可以增加血清素。

血清素与多巴胺的平衡作用相关，可以延伸其影响，达到更高层次的思考、推理、决策和目标导向行动。血清素能增强共情能力，所以能帮助你想明白一些事情，尤其是与感情有关的事情。如果你的多巴胺水平促使你把专注力集中在与目标无关的细节上，那么血清素可以帮助你牢记目标，不偏离正轨。如果你的情绪状态混乱不堪，那么平衡血清素这种激素可以帮助到你。

那么，如何增加血清素的流量呢？幸运的是，就像多巴胺一样，血清素对自然的声音、音乐和图像有积极的反应，在有需要的时候，你可以利用这些声音、音乐和图像让你的专注力回到正轨。练习更高级的意识和自我调节，让你在追求幸福的过程中，奖励你的大脑，增加你未来成功的机会，还能让你保持专注。

● 性激素

我们大多数人都会经历双重人格交锋的时刻，这一现象由睾丸素大量分泌引起。睾丸素通常是与男性相关联的性激素，但女性也可分泌较少量的睾丸素。对于正在经历激素转变的人而言，他们对这种转变的感受并不明显。例如，睾丸素分泌较多的人，当被指派参与一项他们认为配不上自己的任务，他们对同事的态度在无意间就会突然变得具有侵略性。然而，当激素的影响消失后，他们通常会恢复正常，而且往往对刚才发生的事情毫无记忆。当然，这种激素也可以促使一项棘手的工作更好地完成，特别是在苛刻的情况下，比如在最后关头才分配下来的、期限很短、需要有强烈的动力和决心才能完成的任务。在这种情况下，将效果与目标匹配也是至关重要的。事实上，当你意识到与目标相关的专注力中，较高的睾丸素可以发挥什么边际影响，可以帮你更顺利地开展人际沟通和行动，从而提高工作满意度。

你可以平衡睾丸素，通过运动以及利用声音、音乐、力量词汇和指导想象，调高或调低其分泌量。当今市场上也有很多产品可以提高你的睾丸素，但你需要与你的医生进行确认，看看有没有药物能对你有效，如果有的话，到底是哪些药物。

雌激素是与女性相关的性激素，虽然男性也会产生一些雌激素，不过量要少得多，而且大多数的时候没有任何作用。对于女性而言，人们早就知道雌激素在处理压力方面具有优势，可以使记忆力变得敏锐，语言交流更顺利。

催产素是一种与愉悦感有关的激素，对女性的影响似乎也比对男性的大，给平衡压力源和压力激素增加了一种化学推力。在性高潮、分娩、哺乳、亲密接触和按摩时，催产素会迅速流经血液。你可以使用在本章讨论过的方法，帮助刺激催产素的产生。请注意，睾丸素会降低催产素帮助应对压力源的能力，这也是需要平衡该激素的另一个原因。

由于这些激素都能对我们的行为产生正向的或负向的影响，所以自我调节是关键，避免像僵尸一样自动做出感知、决定和结果。

专注自身的信念

就像情绪和记忆一样，你的信念也会影响你关注事物的地点、方式和强度。同样的，信念也会影响你选择关注何种细节或信息，以及拒绝关注何种细节或信息。在你参与一件事情或一次体验之前（甚至是你正在经历这一事情或体验的过程之中），考虑一下你可能会把哪些已有的信念带入此次事情或者体验，这些信念可能会影响到事情的结果，这是一种积极的做法。你可以在活动之前通过可视化来做到这一点，问自己："我的信念，是否与成功实现这一目标所需的思想和行动相冲突？"想想你主要的社会和文化价值观，以及有关人、地方和程序的个人信念，然后问自己："这是我的信念，还是别人的信念？当我在接近目标时，我还想要坚持这一信念吗？该信念与今天的我，以及我对自己在未来的期望，是否有联系？在我与工作相关的经历中，该信念激发了什么思维、情绪和行动模式？在这之后我的感觉如何？继续让该信念影响我的职场经历，这样做是否有意义？我可以采取什么措施来实现那种平衡？"

最终，你的整体能量、你感到的压力、你的电化学活动、你的情绪和你的信念会相互影响，创造出你的精神货币，决定你专注力集中的质量。在你的日常工作中加入平衡和培养能量的做法，可以保持专注状态。

★ 练习篇 ★

利用音乐改变脑电波

音乐可以减慢或加速脑电波，从而改变你的脑电波活动。通过这种方式，音乐使得改变和创造心理状态（例如，精力充沛、专注、平静或放松的状态）成为可能，还不会产生有害的副作用。当拍子数（BPM——每分钟节拍数的单位）超过100次时，音乐会加快脑电波的速度，让你觉得精力充沛。例如，美国乡村摇滚乐队流浪猫（Stray Cats）的歌曲《全城摇滚》（*Rock This Town*）的拍子数为207，而约翰·列侬的歌曲《想象》（*Imagine*）的拍子数为76。你可以找到你最喜欢的歌曲的拍子数，或者只要同时搜索歌曲名称和拍子数就可以了。

如果你想提升自己的能量，找出几首你最喜欢的、觉得对你有帮助的歌曲，将这些歌曲排列成一个播放列表，可以命名为“能量提升列表”。你可以把歌曲按照拍子数从低到高排列，让自己听后精力充沛。与此相反，如果你想让自己内心感到更加平静，选择符合这一目标的歌曲，打上相应的标签，然后以相反的顺序来排序。为了达到最好的效果，提升能量，就听你的列表7分钟，想要平静下来，就听12分钟。

扭转记忆疲劳

你也可以在音乐声中将你的头脑置于一种记忆模式中，在你有需要的时候增强记忆力。要做到这一点，从你能回忆起的遥远记忆中挑选一首歌，可以是你曾经和妈妈或爸爸一起听过的歌，也可以是你在青少年时期听过的歌。运用可视化技巧，创造出一段心理叙述，将自己置身于过去的场景中，尽可能多地捕捉场景中的细节，让所有的感官参与进来。我建议用手机或其他设备现场播放这首曲子，不过，你也可以在脑海中播放这首歌。花10到12分钟的时间享受你的音乐旅行，如果你选的歌曲短于10—

12分钟，可以点击重复按钮，或根据需要添加更多的曲子。然后，继续工作或学习。

按摩穴位一分钟来解压

这一练习将向你展示，如何利用位于两脚底部中心的涌泉穴来减压。按摩以坐姿开始，找到任意一只脚的底部区域，用相反的手握住脚，用拇指轻轻地以画圈的方式按摩中心区域几次。这个练习几乎可以立即释放压力，让你的精力位于平静和警觉状态之间的平衡点上。

第八章

避免单向思维，扩大专注力范围

法则 8

看不见的东西，如果能影响到你的目标，也要对其进行管理。

我们的大脑在做决定时，往往会选择最快速、最简单的方式。更重要的是，这些选择大多发生在电光火石之间——仅仅几毫秒内——感觉这根本不像是在做选择，你突然就“走到这一步了”。有时候，这让我们在做决定的时候，丝毫不会妥协。你可能认识一些在平时思想保守的同事、下属、经理或客户，这些人的一些强烈信念、隶属关系或过往事迹，很可能让他们在特定的主题上采取一边倒的态度。拥有这种封闭的思维方式，问题之一在于，该思维往往会自我强化，当其发挥作用时，人们会对重要的信息产生抵触情绪。但是，这种思维状态到底有多封闭呢？仅仅是意识到其存在，就足以让这种思维方式变得不那么僵化吗？一种思维方式的僵化，是否就一定意味着它是不正确的呢？鉴于我们在前几章所探讨的问题，此处还有另一个难题：我们如何判断真的是我们自己在做出选择，还是说，我们的大脑才是真正的掌舵者，在决定是否要直面问题的冲动的驱使下，将船驶向它认定的最佳方向？这些都是值得思考的问题。

考虑一下这点：人类很擅长识别面孔，我们可以在任何地方看到类似人脸的图形——在颜料旋涡中，在扎染衬衫上，甚至在树皮上。进化赋予我们这种能力，也许是为了满足我们的社交需求。我们看到这些面孔，就像其他感官细节一样，我们说服自己，我们感知到的是准确的。我们为什么会这么做呢？

其中一个原因是，我们坚信自己所相信的事情——而有时候，这会成为一种阻碍。最近，研究人员进行了一个实验，看看是否能说服人们为一个选择辩护，而实际上，这个选择甚至不是他们自己做出的选择。研究人员向志愿者展示出两张照片，要求他们选出更具吸引力的照片。在辩护环节，研究人员要了个花招，迅速调换了照片，因此参与者在现场看到的是另一个人的照片——是他们最初没有选择的那个人的照片。超过80%的参与者甚至没有注意到这一掉包行为，他们将自己之前的信念转移到新的照片上，为一个他们没有做出过的选择辩护。而在类似的测试中，参与者在下一次有机会做出选择的时候，会更加坚定地支持自己被操纵后的偏好。

那么，这一切都意味着什么呢？这意味着，有时候我们做出的决定，我们认为是完全符合我们个人目标的，但事实上，这些决定与之完全相反。而且，我们真的可以忽略，然后忘记我们真正偏好的选择。我们有多少人生重要决定是以这种方式做出来的？有多少次，即使有线索明摆在我们眼前，表明有些就业选择、职业选择、人际关系都不适合我们，但我们还是拒绝相信这些线索，坚持去追求上述“目标”？

幸运的是，你可以通过自我监控来提高自己的意识、专注力和选择能力。通过练习，你会变得更加灵活，你会发现，避免单向思维，打开新世界的大门，从此过上更自由、更快乐的生活，并不像听起来那么难。

正如我们在前面章节中所讨论的那样，我们一般都会认为我们了解自己的头脑，但事实并非总是如此。经理、老师、父母——我们所有人——都曾有过最初为之辩护，但过后开始怀疑的决定。因为这些决定都是在几毫秒内做出的，所以即使我们怀疑自己已经偏离方向，可能也很难踩下刹车。然而，通过一些训练，你可以减少失误发生的概率。同样，了解一下自己的头脑是如何运作的，以及你真正的目标是什么，可以帮助你选择并留在最佳道路上。

选择盲区

心理学家会使用选择盲区这一术语，用来表明人们并不总是能意识到自己所做出的选择。选择盲区指的是一种导致人们无法准确回忆起自己所做选择的现象，这一概念可以帮助解释为什么在你做出决策时，你会做出一些看起来不合理或者看起来与你性格不符的事情。想想我在本章前面提到的实验，尽管图片已经被调换，但参与者仍会继续为自己根本没有做出的选择辩护，他们说“我喜欢这个耳环”或“我喜欢这个发型”，然而他们当初根本就没有做出这一选择。研究人员发现，当人们的行为涉及味觉等感官时，甚至是要做出道德决定时，人们也会表现出同样的意识缺乏，同样愿意去维护篡改后的选择，坚持自己的“决定”（再次强调，他们相信这是自己此前所做出的决定）。一般来说，人们喜欢为自己的选择辩护，不管这些决定是否反映了他们的真实感受。风险在于，我们可能无法识别感受是否是真实的。让情况更为复杂的是，我们最终会认为，那些在我们不知情的时候被操纵的想法、感受和行动，是我们自己想出来的。因此，我们可能并不像我们自认为的那样了解自己的真实选择。

变化盲视

你有没有开车来到一条大街上，看到一栋你之前从未注意到的建筑，你不禁好奇：“等一下，那栋楼是一直在的吗？一直都在那里吗？”后来，你发现这栋楼已经建设了几个月，现在已经完工了。在建设过程中，你曾多次驱车路过该楼，但不知为何你却错过了整个建筑过程和竣工时刻。这种现象被称为“变化盲视”（change blindness），即无法注意到场景的变化。你可以在很多影视剧中找到变化盲视的例子，这些剧里有被剪辑师遗漏的错误。我的孩子们喜欢玩的一个游戏，是看看能不能找到这些前后不一致的地方。比如，就在前几天晚上，我们在看一个以美国新英格兰地区老房子为背景的神秘故事，其中一个房间的窗户显示外面正下着大雨，然而当镜头转到同一房间的另一个窗户时，场景中根本没有下雨。

变化盲视会影响我们的直觉，从而使我们的专注力出现偏向性。例如，我们倾向于拒绝那些我们可能认为与自己的“族群”或信念相悖的信息，因此，我们会拒绝那些我们认为与自己重要的理念或思维方式相悖的企业、政治、文化、部门和地区信息，然而这实际上会阻碍我们做出好的选择。每当你不假思索就想拒绝一个提议时，你应该考虑这些潜在的有害倾向，并问自己：“是什么让我拒绝这一提议？为什么呢？”这种方法往往能让你走上正轨。

试试这样做！

下次你看销售宣传单时，问问自己：“为什么我会被某个词汇或图像所吸引，而另一个则无法引起我的注意？根据我的情绪、记忆和信念，我可以得出怎样的推论？它们如何引导我的专注力？”我们倾向于将想法和行动建立在自己之前的做事方法之上，会优先考虑已经存在的这些联结。因此，如果你不更新——有时也不改变——你的信念、记忆和程序，你会发现很难调节即将要做出的选择。相反，依赖旧模式的行为使你对细节视而不见，让你继续以同样的方式做事。

为了避免选择盲区影响到你下一步的行为和思考，你需要时不时地退后一步，扩大视野。例如，假设你需要决定聘用哪个人参与即将开始的工作，不要立刻接受你的自动化选择，退后一步，问问自己：“这个决定可能会对大局产生什么影响？在下周、下个月或明年，该决定会如何影响我、同事和公司？”

假设做出之后，你的动机和由此产生的结果变得更加清晰。你站在这一有利位置上，花时间问自己：“下次遇到类似情况时，我想让哪些影响因子继续保持活跃？我想拒绝哪些影响因子？”这可以帮助你记住一种改变模式，可供你在未来实施。

非注意盲视

我们在任何情况下都可能犯错。一位大学教授在第一次上课时，走进了房号正确的教室……但却走错了楼。一位汽车修理工以为她的搭档会把油盖放回原处，于是就这样把车交还给车主，结果车在高速公路上起火了（这是发生在我朋友车上的真事）。严重的错误甚至会发生在医学界，用错药、搞错剂量，或在处方中没有写明药物过敏史。人非圣贤，孰能无过，这话说得对，但在减少犯错这一方面，我们可以做得更好，特别是高风险的情况下，更要少犯错。

问题的一部分在于，仅仅因为信息进入你的视野，并不意味着你就“看到”

了该信息，你需要关注这一信息才行。事实上，正如我们一直所说的那样，当我们在执行任何一项任务时，我们的大脑都在接受大量的信息，而我们只能关注其中的一小部分。有些遗漏掉的信息，可能会对我们的决策产生重大影响，当我们没有关注这些信息时，我们就会犯错。就像上文提到的教授一样，他居然走错了教学楼，连这么大的一栋楼都搞错了！有时候，由此产生的损失会很大。那么，我们究竟是怎样遗漏掉这些信息的呢？

这种现象被称为非注意盲视（inattentional blindness），这一术语是由纽约社会研究新学院的艾瑞恩 · 麦克（Arien Mack）博士和加州大学的欧文 · 洛克（Irvin Rock）博士在20世纪90年代末创造的。这一现象与变化盲视有关，其关注的是：当你专注于一件事，你可能会因此失去对另一件事的关注。例如，当你专注于阅读手机上的电子邮件时，就看不到路上的那个不起眼的坑，然后就被绊倒了。或者，当你专注于一个员工的大胆装扮时，就看不到他天才般的社交能力。

“非注意盲视”这一概念，是在史上最著名的心理学实验之一“隐形大猩猩”实验中被捕捉到的。在实验中，参与者会观看一段短视频，视频里三个穿黑衫的人组成一队，与三个穿白衫的人来回传递一个篮球。参与者需遵从指示，数数穿白衫的队伍传了多少次球。过了一会儿，有一只大猩猩穿过游戏画面，站在画面中间，敲打胸口，然后又离开了画面。接下来，参与者被问及是否看到了大猩猩。大多数时候，参与者完全错过了大猩猩。不仅如此，即使告知参与者游戏中出现一只大猩猩，他们依旧确信自己不可能看不到这只大猩猩。从实验中能学到什么？由于你主要的专注力集中于你预期会在活动中出现的东西，你完全可以错过一个意想不到却又巨大的细节。

为了预见自己生活中的专注力盲区，要思考你的活动需要你专注于什么事物。

例如，如果你正在寻找某类餐馆，当你在街上边走边看时，就很容易看不到交通标志。如果你正在看菜单，你可能会看不到坐在你对面的客户。相反，如果你过度使用专注力提示，比如在文本中标亮太多段落，这些段落可能会开始失去对比度，会显得不再足够突出。同样的情况也会出现在颜色编码上。

灵活性能够给你提供帮助。记住第四章中的公式：当你从一个任务转移到另一个任务时，要思考：专注/执行/清空/重复，经常使用这一公式，学会从当下的任务中抽离出来。所以，在任务与任务的间隔，要停下休息、理清思路。这种方法有助于你的专注力保持灵活，帮助你击退非注意盲视。

反思也能够给你提供帮助。如果你在一次事件中错过了信息——比如，就在你开始为一位顾客填写订单时，你也在回答她提出的一个问题，你可能会把错误的产品放进她的包里——回顾一下你在整件事中的行为，可以让你了解哪些因素可能会导致你的专注力偏离目标。你可以通过练习，减少你再做类似事情的概率。例如，反思一个能帮助你保持专注的替代动作——比如告诉顾客你在做什么，并说出你放在她包里的产品的名字——可以帮助激活你更希望自己做出的反应。

大脑喜欢走捷径

每个人的大脑都喜欢走捷径。认知吝啬者（Cognitive Miser）这一术语是由加州大学洛杉矶分校心理学教授苏珊·菲斯克（Susan Fiske）博士和同样是加州大学洛杉矶分校的心理学荣誉教授谢利·泰勒（Shelley Taylor）博士在20世纪80年代中期创造出来的。吝啬大脑描述了你的大脑想要变成认知吝啬者的倾向，为了快速解决问题，依靠捷径，使用最少的脑力，绕过思考过程。因此，出于多种原因——包括当你感觉精力不足，不愿意做过多的思考，或者不想扰乱自己或他人的情绪，你很容易就会想采取最快速、最简单的路径做出决定。但是，这样做是有代价的。在大脑的吝啬模式下所做出的决定，会让你错过重要信息，关注错误的事情，采取不利的行动。例如，一个人在晋升欲望的驱使下，如果她觉得某个项目可以帮助自己获得晋升，那么吝啬大脑会促使她接受一个不切实际的项目完成时间表；一个需要表现自己团队合作精神的人，如果团队中有几位成员对一项即将开展的战略展现出了极大热情，即使他看到了这一战略中存在缺陷，他也可能会对此保持沉默。

在这些情况下，更大的问题是，一旦你将吝啬状态与大脑的奖励系统（多巴胺）进行化学联系后，这种状态就会进一步加深，变得难以改变。因此，吝啬大脑会影响你的推理能力，你会发现，自己很容易会出于方便，用更多的自动化反应来代替理性，而这些自动化反应往往是由欲望、情绪、信念或奖励性感觉和以前的做事方式所引导的。例如，如果一份有可能达成的新商业协议能让你感到兴奋，你可能会倾向于附和那些会让事情看起来成功的信息，而忽略了协议真正达成所需的紧要细节。你大脑的吝啬者系统可能会帮助你在看到红绿灯时能够左转弯，但是，它有时也会让你无法全面地认识决定。

例如，你正在招聘面试某人，你的吝啬大脑想走捷径，找出一个潜在的问题——不管这一问题是否真正存在——来帮助你迅速下定决心。例如，吝啬大脑可能会唤起你对有文身之人根深蒂固的疑虑，将有文身与糟糕的工作表现混为一谈。然而，如果你能意识到自己的大脑在做什么，那么你就可以抛弃旧有的信念，全面客观地看待应聘者。在所有情况下，重要的是要认识到你以前的直觉可能是不准确的，然后你就可以产生更多开放的联结和思维过程，而在这个例子中，是将这些联结和思维过程纳入你今后的用人之道。

《哈佛商业评论》(*Harvard Business Review*)建议，心怀一些不确定性，可以帮助你控制大脑的吝啬者思维，因为不确定性可以让你三思而后行，做出更好的决定。每当你发现自己在决策过程中急于切入主题，可以通过考虑三种可能性来避免错误：最坏情况、中间情况和最好情况。为了确保你做出的是一个稳妥的决定，而不是揠苗助长，通常选择中间情况下的方案是安全的。

我还在《哈佛商业评论》上读到了“事前检验”(premortem)一词，我很喜欢这个词。该词强调的是，我们可以在走上一条歪路之前，就大步远离这条路。事前检验是一种特定的可视化，你可以想象哪些细节可能会导致某个即将开始的决策或项目失败，这让你有机会在问题发生之前就解决这些细节，并采用纠正措施。能在记忆中获取这些细节，作为预设，可以帮助你更好地掌控在现实生活中不断发展变化的情景，这种方法绝对管用。

保持灵活性，将其看作是反击你吝啬大脑的一种方式。给自己一些余地来考虑你现有的选项，以下是你在面临决定时可以问自己的一些问题。

在即将做出的决定中，有哪些观念你感到有些许不对劲？哪些是我应该注意的并给予关注？

在当前这种情况下，我容易被哪些细节影响，而这些细节可能会让我在做出决策时变成认知吝啬者？

在你的处理方法中加入这类问题，会减少出错的概率。练习会带来停顿，你考虑更广泛的选择时需要这种停顿。允许自己考虑其他的选项——甚至是相反的选项——可以让你获得自由。然后，在做出决定后，以倒叙的顺序反思你的处理方式。这一步将帮助你意识到在自己脑海中发生了什么事情，帮助你更好地理解并从所发生的事情中学习经验，让你可以更新记忆中的联结，为未来的行为提供帮助。

基于我们在第七章中的讨论，你的精神能量不仅影响你的专注力，也影响你头脑变吝啬的概率。你越是疲劳，你的头脑就越有可能会直接想出解决方案，放弃更深入的思考和学习。所以，作为核查，问问自己：“我走上这条快车道，可能会失去什么？”以我个人为例，我最近在一份合同的签署上，展开了上述操作，结果获得了一个更具吸引力的方案，所以，我强烈建议抵制想要快速完成一件事情的冲动。即使比起走捷径而言，你的新选择需要你培养更多的精力，本书提出的所有练习和工具也能帮你解决问题。

识别无意识的触发启动

你有没有第一次走进商店，突然感觉很棒？有没有进入办公室后，感觉生命能量都要被榨干了呢？又或者，你走在杂货店里摆放饼干货架的那条走道上，接下来，你突然发现自己不仅买了饼干，还买了货架上的所有东西——可可和牛奶——尽管这些东西原本都不在你的清单上。引起这种情况出现的，通常是心理学家所说的“启动”（priming）。

启动是一种与外部刺激（文字、图像、声音等）、记忆和经验的无意识联系。启动发生在你接触到某些细节的时候，由于你之前的经验，接触到该信息会激活你的反应。启动对你的影响，就像遥控器一样，而你对此毫不知情。此外，启动后的行为会让你更有可能做出在记忆中与之相关的其他反应，所以，启动会通过联想触发行为。例如，在第一章中，我们看到了一份白色物体的列表，可能会触发你在回答“奶牛早餐喝的是什么”这一问题时，迅速选择回答牛奶。同样，如果你最近在随机列表中对“药剂师”一词做出了回应，你更有可能在之后从一串随机字母中挑出“药物”一词。与此相反，你有意选择忽略特定的刺激，当这些细节再次出现时，你的反应会更慢。所以，当我在为顾客办理入住手续时，我特意忽略了等候室里开着的电视，等它下次进入我的意识时，其影响就会减少。或者如果我经常忽略一块写着“紧急程序”的牌子，我很可能会变得更善于忽略它。这种效果被称为负启动。当你试图抑制或消除你专注力中的某些细节时——例如会打断你做事的东西——负启动是有效的。然而你必须小心注意自己要忽略的是什么东西，因为你每做一次负启动，下次你想抓住被忽略的东西就更难。

“几乎所有的东西都可以被启动。”目前任职于耶鲁大学的社会心理学家约翰·巴格（John Bargh）说。提到“图书馆”一词，人们说话往往会更小声；在办公桌上放一张亲人的照片，你会感到好像那个人真的和你在一起一样；提着一个公文包，人们可能会和你开展竞争。巴格认为，“我们现在面临着许许多多的这些效应，我们当前的任务是试图理解这些效应”。

所有这些可能会让你在办公室的墙上挂上一幅新画之前犹豫很久，或者是在参加关键采访、重要工作任务或重要活动之前，好好想想要挑选哪条新闻来阅读。但是，启动的威力到底有多大呢?

克里斯蒂安·惠勒（Christian Wheeler）博士是斯坦福大学的教授和荣誉学者，为了研究物体究竟对人有多大影响，他开展了许多说服力很强的实验。其中一个实验就是他的公文包研究，在“商务物品”条件下，惠勒从一个黑色的公文包中取出调查问卷，要求参与者用一支看起来很有行政风格的银色笔来填写调查问卷，然后指导他们将完成的问卷放入一个黑色的行政文件夹中。然后，他又对另一组参与者开展了该实验，这一次，他从黑色背包中取出调查问卷，要求参与者使用铅笔填写问卷，并指示他们在完成调查后将调查问卷放入一个硬纸箱中，这种情况是所谓的“中性物品”条件。

他的目标是确定商业物品（即钢笔、铅笔、背包、公文包等）是否会影响参与者在最后通牒博弈（ultimatum game，经济学中常出现的一种博弈）中选择持有更多的钱。在最后通牒博弈中，参与者认为自己能够获得一笔钱，前提是他必须提出一种能把这笔钱分给自己和另一个人的方法。事实证明，物品确实会影响到参与者，在中性物品组的人就不会变得那么贪婪。同一研究的另一部分显示，人们一旦接触到商务物品，就会认为这个情景更具竞争性。

这种我们意识不到的思维塑造了我们每天的感觉和行为方式，影响我们对自己和他人的感觉，你所处环境中的任何东西都可能成为触发点。然而，仅仅因为你没有意识到这些影响，这并不意味着你必须保持这种状态。例如，你可以利用反思技巧，让自己对那些可能对你产生影响的物体变得敏感；你可以学会识别线索，并得出有用结论，例如“当我对一个项目保持兴趣时，通常可以获得成功”或“在开会之前，我想到了周末和家人一起做的开心的事情，会议得以在比平时更友好的气氛中进行”。另外，你可能会认识到与之相反的情况：“在我们吃商务午餐之前，我大谈特谈了同事的固执，这影响了我在有需要时与他沟通的状态。”

通过这种方式，你可以尝试消除一种启动对你的进一步影响。同样，通过反思日常的景象、声音、气味和遭遇意识到启动的存在，可以帮助你识别和利用有利于你实现目标的正启动，消除破坏性启动。一旦你对特定影响因素发展出感觉，就可以创造出有助于实现目标的环境来包围自己，例如，如果你想成为一个更好的倾听者，你可以去看一些电影，读一些经典文学作品，写一些激励提醒自己的话摆在面前。

所以，很多你看不到的东西会对你的思维、感受和目标产生深远的影响。你如何回应（或不回应），将创造出新联结，触发你未来的行为。因此，在日常工作任务中，应考虑不符合你第一想法的替代性解决方案。请记住，虽然你意识不到能影响你选择的各种网络，但你不必因此一直保持这种状态。

★ 练习篇 ★

扩大选项

当你在实现一个目标时，问问自己，你此前对类似目标的看法和行动，现在是否还有意义。通过中和这些信念，你有时可以赋予自己一个更宽广的视角，可以看到潜在的好方案（有时是更好的方案）。这样做还可以帮助你明确战略中的风险，你需要做的，只是快速地进行正念扫描。问问自己："如果我采取另一种立场，甚至是采取相反的立场，结果会怎样？这将如何改变我的策略和结果？如果我要给别人提供关于这种情况的建议，我会说什么？"检查你的心理联结，这将帮助你激活那些你认为有用的联结，抑制那些你认为没用的联结。

安排一项新方案

正如巴菲特所说："如果你发现自己在一条长期漏水的船上，把精力投入到更换船只上，很可能比把精力投入到补漏上更有成效。"通常情况下，如果你坚持一项策略的时间足够长，当该策略不再奏效时，你会很难放手，你的头脑一次又一次地遵从此项策略。为了解决这个问题，确定一个你会将替代计划付诸行动的日期，告诉自己："如果事情没有改变，从______开始，我将开始一项新的训练计划。"选择一个日期，并将其作为你的检查点，让灵活性成为计划的一部分，提前准备一个以上能够实现目标的策略。在你向检查点靠近的过程中，可以调整最初策略中的任一方面。如果到了检查点，却意识到计划不起作用，就考虑采用新方案。

将选项加入预设

新决定可能会让你措手不及，所以将一份经过思考的选项清单联结到预设提示中，会对你有所帮助。按照以下方法暗示自己："如果出现了_____，我搞砸了，那么我就会做_____。"

利用初心

当你下次参与一项活动时，将自己置于一种初心（初学者的思维状态）状态中。在亚洲传统中，初心是指在处理一项任务时，拥有完全意识和高度警觉的思维方式，绝对没有先入为主的消极观念。你处理任务的心态，就好像要去做一份你想做很久的工作，而现在终于如愿以偿。初心使你摆脱了惯性思维，帮助你看到事物的本来面目，帮助你保持满满的正能量，让你可以一直保持兴奋和开放心态。

第九章

专注力的转移和转换

法则 9

要知道在何时需要集中专注力，在何时需要打开专注力大门。

你在一天中会不断地将专注范围从宽调窄，再由窄到宽。想想看，这就像来回调整相机镜头一样，你可以看到整个棒球队在球场上的位置，也可以缩小镜头，选择只盯住一个球员。每当你在word上滚动鼠标，找到特定的打印字体和字号，选中想要的规格，然后看看其在文档中会是什么样子，此时，你使用的就是这种功能。知道要在什么时候有效地集中精力或打开专注力大门，并不是为了要更频繁地使用这一功能，而是要在这一功能可以发挥大作用的时候，有意识地做出转换。

拓宽关注点和缩小关注点的概念，不仅仅是要把专注力集中到散落在桌子上的物品上，它几乎也是所有创新活动的核心。你可能会先观察围绕一个项目冒出的大量信息——一个讲座中的概念、一个想法、一种感觉等等——然后，在更小范围内观察那些你突然觉得有趣的细节。你可能正在寻找一个令人兴奋的新角度，或者你可能正在寻找一个可以从陌生或熟悉细节中构建出来的独特目标。

新闻课程提供了一个很好的例子来说明这一概念是如何运作的。一种常见的练习要求学生回顾一个事件的一系列事实和细节，然后写出新闻报道。学生们处理的细节都是相同的，但仍然需要用自己的方法组织这些细节。他们应该以什么作为开头，以什么作为结尾，要强调什么信息？他们要如何组合这些细节？他们还需要决定使用什么样的语气去报道，提供什么样的定义，以及读者必须理解到的信息点——比如一个解释、一个预测，或者一条警示语。每个新闻作者都要靠自己从细节中看到值得展开的转折，等等。其背后的道理是，创造力来自每个人对事实的处理方式和每个作者对事实的看法。

所以，你的专注力不断地来回转换，就像在脑海中构思一幅图画一样，你会思考图画中的每一处，考虑它们是如何影响全局构图的——直到你认为你已经想好了心仪的构图。

这种转换专注力的技巧适用于所有感官、认知和情感信息。想象自己正在听一个有100个演奏者的管弦乐队演奏，在大部分时间里，你都专注于聆听向你袭来的整段音乐，然而，你知道，无论何时，你都可以只专注于大提琴、打击乐器或管弦乐器的声音。你也可以随时将所有乐器的声音重新组合成统一的交响乐，并能更好地欣赏大提琴或打击乐器对整段音乐的贡献。

更重要的是，你可以预设这个机制，这样一来，当你需要使用这一功能时，你可以让其随时准备好。通过拓宽和缩小对文本、想法、图像、声音或其他感官信息的专注，你可以将该模式设置在随时待命的状态。例如，如果在准备一次专业会议、参加一次考试等诸如此类的事情之前，你开展了练习，那么你就能保留这种思维模式。这可以让你在下一次活动中更优雅地（自动地）从宽广的视野切换到狭窄的视野，这是一个进行预设的好技巧。该技巧可以提供更多的例子，可以帮助公众演讲者在活动中聚焦问题的答案，帮助教师为学生提供详细解答，帮助考生回忆考试中发生的具体事情。

正如我们在前面的章节中所讨论的那样，从整体心理学和身心医学的角度来看，我赞成利用声音来转移和转换心理状态的方法，包括以下这一方法。使用你最喜欢的音乐——无论是管弦乐、摇滚乐，或任何风格的音乐——这种方法可以很轻松地让你的头脑在集中专注力和打开专注力大门之间进行转换。你所要做的就是播放选中的曲子，在整个过程中把你的专注力缩小到一种乐器，或重复的声线，或吉他弹奏的重复乐段上，然后等待其再次出现。要想让这种方法奏效，你需要使用一个你非常喜欢的元素，然后你可以带着预期回放曲子，并将专注范围扩大，注意你选中的片段是如何融入到整首曲子中的。

预测的实现，将倾听的过程与你体内的奖励激素联系起来，包括多巴胺和血清素。当你把专注力聚光灯范围不断在扩大和缩小之间切换时，这将更深地扎根于你的专注状态中，产生更高层次的思维。定期练习会让这个过程越来越流畅，越来越自动化。使用音乐的好处是这样做很方便，你只需要把歌曲保存在手机上，保存到一个文件夹中，将其命名为“扩大和缩小专注范围训练”，就能把这种思维方式装进你的口袋里。接下来，在有需要的时候，你只需按下一个按键就可以获得这一思维方式。

专注力的不同类型

足球和其他运动提供了更多的好例子，说明人有从宽广视野过渡到狭窄视野的需求，有时你必须在转瞬间做到这一点。例如，足球专家认为，一名球员在下场运球时，可能需要保持广泛的专注力，盯住队友和对手，同时评估她下一步要怎么踢。然而，一旦她决定射门或将球送入禁区，她立即需要将专注力范围缩小到确切的目标上，比如球门或队友。使用更高的正念能量，将要点信息保持在她的意识中，就能精准地缩小专注力范围。在某种程度上，她就像蜻蜓一样在场上探查情况，在两条动作道路上同时前进，然后迅速而果断地选择和执行某一决定和行动。

在足球场上，这种变焦镜头般的专注是连续的，运动员需要在不同时刻做出不同的决定和行动。相比之下，其他运动则需要运动员集中专注力，像游泳和跳水这样的运动，由于其环境变化不大，运动员更多的是将专注力集中在自己的身体和总体能量管理上，所以他们要依靠焦点更小的专注力聚光灯。而对于足球和网球，由于其环境不断变化，运动员需要根据出现的新情况，在拓宽关注点与缩小关注点之间进行切换。

在运动中，让自己意识到在什么情况下需要特定类型的专注力（拓宽关注点或缩小关注点）是通过调节和训练获得能力提升的第一步。在练习之后，你可以自动做到来回调整专注力焦距。

在体育界，如果你不能在拓宽关注点和缩小关注点之间转换，你可能会在追寻一个诱饵时，错失机会。同样，工人们也可能会因为狭隘地关注和坚持一个错误的细节，而做出错误决定或陷入冲突之中，比如觉得白天的工作任务太乏味，他们就决定上晚班。

不管是在运动场上，还是在职场中，当你的注意出现偏离时，使用提示来帮助你转移专注力，微调这一机制。如果你在执行任务或做决定的过程中，发现自己专注力涣散，你可以使用“聚焦、聚焦”这样的提示来瞬间集中专注力，或者你可以用“放大镜头、放大镜头”这样的提示来扩大专注力。

从广泛到精准

人类进化赋予了我们自动预设，寻找食物、逃跑和战斗就是其中的三个例子，这些都是植根于我们脑海中的内部信息。而且，正如我们一直在说的那样，你可以有意识地产生自己的预设。当你在大脑中排练动作时——这些动词可以是完成一次高尔夫击球，也可以是应对一个突然变得很情绪化的同事，你的大脑会将这种行为的各个动作更紧密地联结起来，以便下次使用。你的反应时间变短了，你的行动也更接近预期。

然而，在学习和训练这些算法上，需要付出能量成本。这一成本涉及弄清算法并将其投入使用所花费的时间，不过，这个过程是非常值得为此付出成本的，下面是一个例子。

在一次公司会议上，有人意外地询问你的意见。你平时不习惯在回答前停顿，然而这一次，你却意外地停顿了一下。在那一刻，你扩展了视角，考虑你的回答如何在更广泛范围内影响公司、同事和近期目标。然后你聚焦专注力，仔细挑选你的答案，并做出比平时更有利的回应。之后，通过反思，你可以让自己意识到你的行为（在这一例子中，该行为是停顿）所带来的不同结果。你可以学会根据反思建立自上而下的提示，这样你就可以建立预设，在未来重复做出如此优秀的反应。这有助于你在应对突发情况时树立更强的信心，得出感觉更好的结果。

同时，要注意不要想太多。当你想太多的时候，那些知道如何思考和担心，却不知道如何提供解决方法的脑回路，就能获得更多的控制权。一般来说，专注力过载（想得太多）会让你觉得窒息——比如当你试图想起自己的电话号码、一个人的名字或者你孩子的生日，在一些时候，你明明对这些信息了如指掌，但在脑子里就是找不到它们。然而，一旦你放松下来，把专注力拓展，突然间你就能立刻想起这些信息。超负荷会扼杀你的自我调节能力，所以平衡是最好的选择。

专注力切换训练

训练你的头脑，让其可以从宽焦镜头到窄焦镜头自动来回转换，涉及一个引导、选择和增强的过程。关于引导和选择先要做的，是让自己预先意识到重要的目标，并通过词汇提示来增强这些目标。再以足球为例，球员可以使用任务提示作为触发点，这些有助于球员管理需要思考的问题，以及球员在何时何地需要引导自己的专注力。例如，足球运动员可以使用球或射门等提示来教会自己缩小或拓宽关注点。

无论你是否是运动员，原理都是一样的。你要事先创造出适合你的任务的提示，这样，你就可以提前建立一些引导和选择性。记住，与表现相关的提示有双重效果，因为在激活你对重要细节的关注的同时，这些提示也会抑制无关的内容。

有时候，问题即将出现，而你却毫不知情。考虑一下这个场景：山姆是一个制药研究实验室的主任，他的大多数同事都认为他很有亲和力，但有些人却不这么认为。山姆意识到自己与这些人之间的潜在矛盾，但他采取的解决之道是让自己有时候变得更加热情好客、更加讨人喜欢。例如，在谈到男技术人员对公司最近一次获批计划所做的贡献时，他会让自己的声音变得更加低沉，还会拍拍这些技术人员的后背，同时，他也感谢那些女性技术人员，称她们为“女士”（这是他说出口的词，而没有称呼她们为博士），感谢她们的辛苦付出。由于他刻意采取了这些语气，山姆认为自己发出的只有友好信号。他很讨人喜欢，对吧？然而实际上，他的语言选择却激发了一个潜在的问题，当某些员工在下一个项目上跟他合不来时，他会感到茫然无措。

除了词汇提示，你还可以利用社会和文化细节来更好地开展与目标相关的行动。山姆使用的话语给他在工作场所制造了问题，如果他要对此加以规范，他必须扩大视角，看看他说的话是如何影响员工的，然后缩小关注点，将自己代入员工的位子，看看他说的什么话惹得他们不高兴了。意义和效果最终还是由听众决定的，如果你因为某种言论或语气引爆了同事或客户的抵触情绪，你将无法取得任何进展。这样的词或者说法可以是很明显的，比如说弄错了个人名字的发音；也可以是很微妙的，比如说当你称呼来自某种文化、种族、性别认同、组织、年龄等的个人时，使用院长、上校、护士、教授或老爹等称号。这种带有歧视性的交流方式，作为说话者的你可能注意不到，但听众绝不会错过。

当你说出“所有进步人士都是极端分子”或“所有保守派人士都抵制变革”这样的常见泛化攻击言论时，情况也是如此。不幸的是，这样的话还有很多，包括“所有激进方法都是危险的”“所有律师都只对钱感兴趣”“所有的音乐家都是嬉皮士”，诸如此类的例子不胜枚举。这种错误的言语选择还包括使用冒犯人的幽默，让他人和群体心生不快。感觉自己没有受到尊重，是造成人际冲突和搞砸目标的首要原因。

我们手边就有一个解决方法。运用可视化和反思，二者可以助你预设和更新更具吸引力、更成功的社交套话，暴露你的弱点所在。你要做的不多，只需要仔细观察情况，考虑他人的职业、社会和文化背景，这样就可以了。语言的妙处在于，它像各种调料一样，你可以根据每个受众情况的不同，调出不同味道，而且还是最适合他们的味道。

在一天中的大部分时间，你都要依靠宽广的视角，获得自下而上的数据流。大多数事情就这么发生了，而你也就这样不假思索地做事。然而在某种程度上，你完全不依靠新出现的细节和已存储的线索来完成工作，这是难以想象的。这其实是一个联合指导/选择系统，例如，你煮了一壶咖啡，你把过滤器和水放进咖啡机，舀出咖啡，放在容器里，然后你就可以带着咖啡出门了。但在某个时刻，你必须知道咖啡和过滤器在哪儿（自上而下）。

很多时候，你对新出现的（自下而上的）信息的处理，可以教会你很多东西。然而，就像山姆的故事一样，你不一定能意识到这些东西。你以一种方式做某事，你认为该方法正在起作用，你想，或许自己的行动可以做得更好，但是你也觉得，现在这样做也凑合吧。这种思维十分常见，形成甘于平庸心态的最大推手，是单调重复、不专心的生活，但另一个选择是：自我调节。

你的专注力联结不断地更新。通过有意识地调节，你可以加强这一过程。然后，学到的经验教训可以联结起来，成为帮助未来行动的自上而下的提示——例如，你刚刚把咖啡勺放下，就找不到了，你记得（提示）上次发生这种情况时，你把咖啡勺放在了“经常”放它的柜子里，你看了看，勺子果然在那里。通过缩小你在反思中的关注点，你注意到，当你把一位员工称为“女士”，而把另一位员工称为罗布博士时，她面露失望之情。你注意到，当电脑“死机”时，工作行程上的一些具体变化让你一天的工作都没有偏离目标。所以，学习是关键——无论是在现实生活中的学习，还是在反思中的学习。事实上，只要确保你学习的东西是正确的，学习本身最终会实现自动化。比如，通过重复某种行为模式，你在无意间教会自己如何实现目标和获得更多的满足感。你可以学习和更新更好的方式来发泄愤怒和停止失望。你可能刚开始认为，你的情况没有其他选择，只能是这样，事实上，事情可能刚好相反。在重要经历后进行反思是必不可少的，反思是一种很好的方式，可以让你更清楚地意识到在某个时刻扩展或收窄对细节的注意，是推动还是阻碍了你目标的实现以及你在职场上的发展。我建议经常使用这个工具。

创造色彩提示

色彩和空间提示可以触发从宽广专注力镜头调转到狭窄专注力镜头的战略性转变，这种提示是另一种自上而下的偏好。例如，如果你想降低胆固醇，当你去餐馆吃饭时，可以用“吃绿色食品”这样的口号来提醒自己，这些食物是有益于健康的。你可以用交通灯的颜色作为提示，例如，黄色可以提示你扩大专注力镜头，以便在某些时刻考虑更多的信息；可以用红色来提示在什么时候要把刹车踩到底，放弃任务；而使用绿色的时候，则是要缩小关注点、专注目标并执行目标。这其中有无穷的可能性，我鼓励你创造出自己的提示。

快速且不失稳健的方法

在《哈佛商业评论》中，作家托马斯 · 胡特（Thomas Hout）和大卫 · 迈克尔（David Michael）强调了他们认为推动中国企业发展的某些商业理念。他们觉得，这些理论的具体形式，与指导西方企业发展的概念有些不同。在我看来，中国企业的标志性模式是创造出产品或理念，然后将创造推出去（或付诸实践），获得反馈，根据反馈做出调整，继而迅速地将其再次付诸实践——这一反馈循环不断进行，这一模式强调的是速度和周转。

要做到这一点，就要不断地拓宽和缩小关注点。先要钻研出概念，从中国哲学看，这是通过拓宽关注点来完成的——打个比方，他们会广撒种（不仅是种下一粒种子），看看哪些种子能够生根发芽。一旦最佳的概念（或产品/目标）从这些种子中崭露头角，会立即产生一个启动策略，然后参与其中，之后对其进行评估。然后，当你修正和更新策略时，你的视角会缩小，之后，你会再次循环这个过程。这个公式与西方的策略制定有很大的不同，在西方的策略制定中，我们会尝试一些东西，并希望它能持续下去。而速度不一定是我们的首要考虑因素。

胡特和迈克尔认为，中国企业提供了一套适用于职场的好经验，包括同时处理好几个问题，如组织、新信息和独立性。在中国模式中，速度这一元素策略性地融入其中，帮助你从努力中获得最大的收益。在这一模式中，你不再强调“长期坚持计划”这种观点，你可以在更短的时间内实现目标并加以改进，然后带着改进后的成果去进行下一项的工作，继续前进变得比长期停留在原点更重要。你加速了目标的实现，但同时也会仔细检查和认真重组，至少在理论上，你可以取得领先。

每个人都需要感受到可以让自己的钱包鼓起来、让激情得到渐进而稳定的有效回报。从这个角度出发，中国模式是值得考虑的。从某种意义上说，我们每一个人都是自己的产品。你可以时刻关注自己的改变，指导自己的职场和事业发展。例如，你决定通过线上学习获得一个学位，在授予机构允许的情况下，以最快的速度去学习，尽可能多地积累知识和技能，在不同的标志事件或节点上（如课程完成情况、学分完成情况等），与你的意见顾问一起重新评估，加深和帮助你以更快的速度完成这个过程。在完成课程后，你把专注力镜头拓宽到一个新方向，你可以尝试撒下很多种子，以期能获得更好、更令人满意的工作，包括学徒制等都可以让你朝着自己预期的方向前进。在这一过程中，你可以继续拓宽你的视野，播下自己的想法，看看哪些想法可以生根发芽，以最快的速度和灵活的方式去追寻实现这些想法，（在追寻的过程中以及实现想法后）根据需要重新审视和调整，不断为自己创造最好的条件！

练习拓宽和收窄你对任务的专注力。每天都付出一些努力，反思今天的具体情况，同时考虑你在明天、下周、下月、明年、5年后想要实现的事情，计划将可以帮你获得职业发展的巨大成就。

★ 练习篇 ★

使用提示增强手段

通过使用引导、选择和增强提示，让自己学会放大或缩小对细节的关注。我建议将这一技巧提前设定。方法如下：

1. 在头脑中回顾目标。
2. 运用可视化，想象自己正在参加你想要调控的活动。

3. 找到你的专注力在活动中开始出现瓶颈的地方（例如，当你专注于一个元素太久的时候）。

4. 生成一个词汇提示，与本章中足球运动员使用的提示类似，比如“放松”或“后撤”。

5. 运用这些提示来引导你的心灵之眼进入更广阔的细节视野。

6. 接下来，当你发现并选择了正确的细节，创建一个聚焦专注的提示，以缩小你的关注点，如“就是这样”或“没错”。请记住，提示会增强你的专注力，激活你对重要细节的关注和抑制无关内容。

将可视化作为预设

你可以在各种各样的情况下使用这一技巧。为了做这一练习，在你下次分配或接受工作时，让我们考虑一下你的言辞和肢体语言。

1. 在事前的某个时间点，运用可视化技巧，想象在这种状况下，你个人和对方的目标。

2. 接下来，想象自己在现场，观察细节在脑海中进行的情况。看看你的言语和肢体语言如何影响他人，注意他们的话语和肢体语言，注意他们对你行动的反应。

3. 在你的视觉化中后退一步，扩展专注力。问问自己：“在我采用的方法中，在我所选择的言语和肢体语言中，有哪些是值得鼓励的？”

4. 带着这一问题，再次在脑中播放这个场景，并对不妥当的地方进行调整。

5. 在想象中情景的关键点上，建立提示，指导你的行为（例如，“现在就说点恭维的话”“欢迎”“说点好听的话”或“慢下来”）。

THE 12 RULES OF ATTENTION

第十章

共情力与专注力

法则 10

记住黄金法则。

共情是调节高质量专注力的主要通路。多年来，研究人员早已知晓，共情能力强的人在工作和生活中会更成功。无论你走到哪里，你的共情能力都会帮你塑造快乐、和平和成功的行为。那么，这个通路中有哪些元素是我们依赖的呢？当共情正常工作时，我们的头脑里在发生什么事情？而当共情工作不正常时，头脑里又会发生什么事情？我们真的能学会与他人共情吗？

现在，让我们把共情定义为让他人的感受进入你的专注力之中，这使你能够考虑——并学习——你的行为会如何影响他人。从这个角度出发去理解他人，可以帮你预测他人对你行为的反应，还可以在你努力实现目标的过程中，验证出结果。在一定程度上，共情是你头脑中镜像效应的结果，这种能力能够在自我、你周围的人以及共同目标之间提供一个测量仪器，让你快速识别出可以促进和谐、团结他人的细节。

当你缺乏共情时，会发生什么事情？例如，为了更好地服务客户，一个没有共情能力的人制订出了一项计划，虽然该计划让他得到了自己想要的东西，但却让其团队和公司面临风险。在这种情况下，他的计划其实并不是最好的。幸运的是，事态并非一定要这样发展。如果你花时间与周围的人沟通一下——检查你脑海中的镜像，确定自己的思想、行动和感觉会如何帮助（或阻碍）事情的发展——你可以根据需要继续实施你的方法、微调或将其终止。

无论你是与个人还是组织合作，你都会从这种方法中真正受益。当你投入时间去沟通，你能更好地将你和目标相关的需求与他人的需求相结合，把自己的感受与采取的行动协调好。共情与感受到真情实意、自信和被他人赏识有很大关系，所有这些都会滚雪球般迅速地形成一个更强大的自我核心，从这个核心出发，你可以向目标迈进，你更善于制造双赢。因此，共情具有涟漪效应，应该使用这些通路，共情能改善你想要做好的事情。

用共情力感知和解读信息

你可能会注意到，你所关注的信息自带情感属性。专注力可以让你在热、暖、冷的情感内容中切换，而情商则代表了你解读这些内容，以及与他人、目标和谐相处的能力。你的共情系统有助于你在前进的过程中做出有效调整，这样一来，专注力、情商和共情这三个系统相互关联。让我们更仔细地考虑这个问题。

热信息指的是包含私人细节的重要信息，冷信息则正好与此相反，暖信息则介于两者之间。例如，从冷到热，我可以说：“伯克希尔位于东海岸”（冷信息）；“我和妻子住在伯克希尔”（暖信息）；“我爱我的妻子”（热信息）。情商包括在这三种信息类型中切换，以便在任何情况下都能达到最佳效果。

仅仅只关注细节的冷热，是一种幼稚的做法，而不是一种聪明的做法。其适用范围包括考虑你对一位生气客户的反应、与老板讨论升职的问题、决定在办公室墙上挂什么画或艺术品，你最终还是要让你的共情机制参与其中。

丹尼尔·戈尔曼（Daniel Goleman）在其《情商》（*Emotional Intelligence*）一书中提出，情商高的男人会表现得更优雅，不会被恐惧或担忧所左右。他们更容易接纳自己，在社会环境中能更加放松。情商高的女性往往更有主见，更积极，并对自己每天的生活充满憧憬。通过使用共情来考虑一种情况的冷、暖或热信息构成，有意识地选择在该情况下最好的前进道路，将帮助你朝着既定的目标前进。

● 一级共情

我们体验共情的方式有不同层次。有多少次，你在聚会上受到特定人群的吸引，因为你认为“他们跟我是同类人”；或者，朋友给你安排了一次相亲，他们声称相亲对象跟你是“绝配”，但相亲进行到一半时，你就会产生怀疑，你的朋友们到底在想什么。

一级共情指的是你在回应一些外部细节时，对某人产生的基本联系感。这种类型的共情是当我们认为个人在外表、社会关系、工作领域等方面与我们类似的时候，心中产生的感觉。所有这些大多是表面信息，这种最基本的联系感被认为是一种初级的共情水平。

毫无疑问，你从小就开始建立这种联系：你在学校操场上看到有人和你年龄相仿，穿着和你一样，说话也和你有点类似，于是你就会受到那位学生吸引，认为你们可能是朋友。我们都知道，这种联系有时会成功，有时会让你失望。然而很多人，甚至是那些已经在职场上工作几十年的人，仍然依靠这种基本的形式来评估他人。一些通过这种视角对你进行回应的人，很可能已经在心里将你定型了。很多时候，这种思维方式并不会产生大问题，但对于任何一个你认为很重要的决定，我建议深入挖掘更多信息，建立更牢固的联系。

● 二级共情

共情的下一个层次涉及你认为——不管这一想法是否正确——自己能感受到另一个人的感受。比方说，你看到一个女人在哭，她解释说自己刚和伴侣分手了，你感觉到了那种如果你自己和伴侣分手后，你也会感到的悲伤。但你的共情指南针可能会有偏差，如果你的专注力过于狭隘，过于关注自己，共情就会出现偏差。例如，上文提到的女人可能是因为其伴侣带走了他们养的金毛犬而哭泣，而不是因为和伴侣分手而哭泣。你个人的感受基于你的自身经验，尽管如此，在这个层面的共情中，你试图让自己的感受变得和对方可能有的感受一样。

● 三级共情

在下一个层次，共情深入发展到带着同情心参与其中：提供帮助。你的专注力再次转移到你自己正在经历或可能经历的类似情况，但这一次，你的专注力继续深入，准确地把握了对方的感受。即便如此，当你提供协助的时候，你可能还是考虑在类似的情况下，有什么东西可以抚慰和平衡你本人。事实上，你提供的帮助可能并不能帮到他人，因为他人所需的安慰和你自己所需的安慰可能并不相同。例如，如果工作不顺心，有些人可以通过和朋友聊天来排解烦恼，有些人则希望自己可以安静一下，享受私密时光，痛痛快快洗个热水澡。

同样的情感也会分为不同类型，这可能会让你在这个级别的共情上，无法与他人建立共鸣。有时你会看不到另一个人需要什么，因为他经历的那种特定情感类型你并没有经历过。例如，你或许可以理解恐惧，但你却无法理解一位同事正在经历的特定类型的恐惧。

假设你的同事被诊断出患有严重疾病。如果你自己的人生信条是无论遇到什么事情都要勇闯难关，你可能无法理解他的实际需求，他需要的是一条更加温和、不那么英勇的道路来恢复健康。他不认为自己是一个能够抵御问题来袭的勇士，他渴望平和的人生。

我不知道听过多少次有人以咄咄逼人的方式给出建议，尽管他们也是出于好意，但这种建议往往会弊大于利。此外，当你没有认识到或者你曲解了某人的实际需求时，你提供的建议听起来就像批评，你不但没有缓解他人的忧虑，实际上还可能会增加他们的焦虑。在这种时刻，善意的同情只会让问题更加严重。三级共情能捕捉到他人所经历的一般感受，但有时可能无法与这种经历建立共鸣，无法给出建设性回应。

● 四级共情

在这个级别，你所有的共情通路都能有效地结合在一起，与对方的通路融为一体，你能够像对方一样感受这个世界。你问自己，此刻那个人需要的是什么，然后成功地抓住问题的答案。四级共情让你以怜悯之心捕捉到他人所经历的一般感受，并在这一场景中以最好的方式做出回应。

黄金法则

唐纳德 · 帕夫（Donald Pfaff）博士因发现大脑中类固醇激素的确切细胞靶点而闻名于神经研究界，在其《公平竞争中的神经科学：为什么我们（通常）遵循黄金法则》（*The Neuroscience of Fair Play: Why We (Usually) Follow the Golden Rule*）一书中，他提出理论，认为共情可以防止我们伤害自己，也可以引导我们做好事。共情能让我们真正站在对方的立场上审视自己，也能让对方站在我们的立场上为我们考虑，这让我们做到己所不欲，勿施于人。

你的大脑有自动运动记忆的部分，有共情能力，也有感知能力。比如说，如果我暂时停止打字，转去运用可视化技巧，想象自己敲出本书的下一句话。尽管我的视觉化可能是模糊的，有时可能像是全息图（激光投射出的三维图像），但我知道我就是那个正在打字的人。我可以看到自己做这件事时的形象，可以把这个形象储存在我的记忆中，甚至以后还可以在脑海中再次看到它。你可以从外部和内部想象自己的样子，看到自己正完成客户订单这件事，或者在工作中开展任何任务，同时，你知道在做这件事的时候，自己的身体和脑袋里面发生了什么样的变化。根据帕夫的书，我们生来便有这样的能力，这种能力也延伸到了我们观察另一个人的时候。所以，你可以感觉到如果自己处于他人的位置上，会有什么感受，这种感受与看着另一个人的照片，知道照片上发生了什么事情是不同的，我们可以真正感受到他人的感觉。

猴子学样神经元

镜像神经元，最初被称为猴子学样神经元，是意大利科学家贾科莫 · 里佐拉蒂（Giacomo Rizzolatti）在研究人员监测一只猴子大脑的过程中发现的神经元。当研究人员在记录猴子大脑中的某条脑回路时，其中一位科学家发现，只要猴子观察到研究人员以某种姿势伸出自己的手臂去拿一杯咖啡，相关的神经元就会发出信号。猴子实际上并没有模仿这个动作，但它的大脑却做出了反应，好像它正在这样做。研究人员得出结论，猴子是在对科学家的动作做出反应。这表明，与猴子自己的行动相连的神经元，也可以与其他人的行动相连。研究人员之所以感到惊讶，是因为监测显示，仅仅是观察他人的行动，就会启动观察者大脑中主导该行动的神经元。

科学家们开始意识到，不仅仅只有猴子有这些镜像回路，人类也有。研究人员还发现，镜像神经元还延伸到了情绪上，所以当你感觉到自己正在捕捉他人的感受时，你往往就是这样做的。起初，研究人员对这种机制能如何帮助人们学习——尤其是运动技能活动——感兴趣，你可以在婴儿身上看到这种类型的学习。你把手举到可以“击掌”的位置，婴儿也会举起她的手；你睁大眼睛，她也会睁大眼睛。随着年龄的增长，我们学会了一些东西，比如在吉他上弹奏和弦、踢足球、亲密接触，以及表达快乐、悲伤或惊讶。镜像神经元与我们的共情系统相联系，加深了我们感受到他人的感觉和模仿他人做出的身体动作的能力，还有用“己之所欲”的方式去对待他人的能力。

共情能帮助我们与他人建立更强烈的联系，并产生积极的体验。比方说，你走近一位顾客或同事，你全身的方方面面都显示出你正在着急做事：说出的话短促而迅速，语气不屑，动作迅速。对方能从身体和心灵上感受和理解这一切。然而，共情却能让你和对方在同一场景中获得不同体验，你可以选择把自己的心思放在对方的身上，可以尝试着从对方的角度去感知你的行为，可以感受对方在你们碰面时可能会有的感受。你可以问自己：“我的想法和行为应该如何加入我与对方的整体关系大局？在今天这个时刻，我希望接下来发生的事情（我的目标）是什么？”在你的镜像能力的支持下，共情可以让你评估和调整自己的行为，从而更好地为你们的关系和目标提供最佳辅助。

试试这样做！

不要忘记自己，想想你的正念、自我意识、专注力、善良和目标，想想你的激情。共情也可用于与你的内心进行沟通，想想你现在的进度，过去的成就，以及在将来想实现的目标。

可以考虑逐步做出改变，正如我们在上一章中所讨论的那样。暂时考虑一下，成为自己在未来想要变成的人，会是什么感觉？那时候，你的生活中会有哪些细节？考虑一下不追求这一梦想的风险，如果没有承担下这份风险，会是什么感觉？一路走来，以及在今后，还有谁可能受到影响？让共情能力照亮你的专注力吧。

“另一种”莫扎特效应

你的共情机制也能够与非人类的目标建立联系。人们早就知道，共情机制可以与艺术或美学产生联系，这些感受可能包括你对画中人在作品描绘之时的感受的移情理解，或者更显著的例子是，对画中人和雕塑所展现的行为的内在模仿。“当每个画中之人都清楚地展现出他们灵魂的心路历程，这幅画就会打动观赏者……画中人在哭泣，我们亦随之哭泣；画中人在笑，我们亦随之而笑；画中人在悲痛，我们亦随之悲痛。这些灵魂的变化发展，是从身体的变化发展中感知到的。”

难怪我们喜欢从戏剧、诗歌、小说、音乐、舞蹈、绘画、电影以及所有尚未出现的艺术形式中体验艺术。我们喜欢艺术给我们带来的感觉。从身心医学的角度来看，艺术可以“药用”，让我们感受到我们在生命的某一时刻所需要的东西，让我们走出迷茫或防止我们陷入迷茫，让我们准确地记住自己想要记住的东西，让我们提前感受甚至理解我们还没有感受到或体验到的东西。与艺术建立联系，帮助我们以更聪明、更专注、做好准备的大脑迎接日常生活。

最近，我和我的家人一起去听了奥尔巴尼交响乐团（Albany Symphony Orchestra）的演奏，他们演奏的最后一首曲子是莫扎特所写的曲子，我们都喜欢莫扎特，对我个人而言，莫扎特曲子中突然出现、出人意料的乐段，使他的音乐如此打动人心。演出结束后，我的妻子说了一句话，她说想象一下进入莫扎特的脑海中会是什么样子，就像从前一样——因为他可能亲自演奏过其中的一首曲子。哦，你会看到和感觉到什么呢？我很欣赏她说的这句话，因为在某种程度上，我们可以做到这一点。共情真的赋予了我们让自己进入到另一个人思想中的能力，在不同的层面上和那个人一起体验事情的发展。如果你愿意的话，这是一种复制—粘贴不同的看待世界或解决问题的好方法，把你的共情转向艺术，可以带你突破紧张和/或平静的频率，激发新的洞察力，还可以让你学到新的经验教训。有时候，你想“抓住”一个特定的行为，无论是从一个角色身上，还是在一幅画中，或是从一首歌里，为的就是使这一行为成为你日常行为的一部分。在其他时候，你这样做是因为你可以更好地理解一个角色的异常行为，也许还有由此产生的后果，共情可以帮助你发现以前无法获得的解决方案。

关注他人的感受，同时也别忘了自己的感受。

★ 练习篇 ★

练习黄金法则

正如本章所示，共情是一项重要的人际交往技能，与你倾听自己和他人的情绪并将这些情绪与具体的日常目标实现同步的能力有关。通过练习“黄金法则”，你可以加深对自己和他人行为后果的认识和预测能力，在开始行动之前，请采取以下步骤。

1. 问自己：“我将要做什么？”在脑海中想象这个动作或行为。

2. 接下来，问自己：“我行动的对象是谁或是什么东西？”

3. 用分屏的方式想象你自己和另一位相关的人士。把两个画面（头脑）拉近，合并在一起，调整你的专注力，时而扩展时而收窄。这样做，是为了最好地了解在两个人头脑中发生的事情。

4. 从你和对方两个角度出发，考虑你将要开展的行动。

5. 问问自己："这个行动是否正确？需要修改吗？"如果不需要修改，那就去行动。否则，就踩下刹车，根据需要进行调整。

你可以在行动过程中使用这个模型，也可以在可视化中将其预设。你还可以在体验后的反思中对其进行调整，我建议用这个步骤来更新联结，纳入见解和任何新学到的经验。考虑你的成就，对这些成就产生良好的感觉，这样做会把这一模型联结到你的奖励系统中去。

推迟发表意见

下一次当同事发言时，抵制住想要立即发表意见的冲动，更要抵制住诱惑，不要立刻开始谈论与讲话相关的你的个人经历。相反，要运用正念，意识到并关注对方在说什么，把你的专注力放在试图理解对方的逻辑推导上，因为这一套逻辑是适用于他或她的。考虑对方的目标，考虑在这种情况下你的目标是什么，考虑你们的共同目标，然后再做出适当的回应。最重要的是你要让同事感知到你在认真倾听他讲话，注意这可能对你与他们的工作关系产生什么影响。之后，你可以在此基础上有选择地发表你的观点和看法。

将艺术当作你的审美

思考一件你即将参与但又有些担忧的事情。想一首你喜欢的歌曲（有歌词的或纯音乐都可以），这首歌向你传递了积极信息，你认为这些信息能提供准确指导。观看或收听由你喜爱的音乐家演唱的这首歌曲的视频，或者下载这首歌曲，我个人认为，当演唱者同时也是该歌曲的作者时，这种方式能获得最好的效果。使用黄金法则练习中的分屏技术，将你的思想与表演者的思想融合在一起。在你的目标情境中，那个人做出的理想行为是怎样的？运用可视化想象一下，当你寻求最佳解决方案时，任何想法，只要它有可能帮助扩大你的见解，都应当考虑一下。

THE 12 RULES OF ATTENTION

第十一章

审视偏见，保持专注

法则 11

发现是什么在左右你的专注力，识别并消除消极的偏见。

如果你是没有偏见的人，那就坐下吧！为什么几乎很少有人站着呢？偏见之所以能控制你，原因在于，如果有人问起来，几乎没有人会说自己是个有偏见的人。

你有没有曾经需要写一封言辞激烈的邮件，但同时又得保证这封信不会被对方误解或是激起对方的情绪？终于你觉得自己差不多写好了，时间紧迫，你来不及多想，就点击了发送键。然而，随着时间的推移，你为此紧张不已，还想到了好几种更好的措辞，你的大脑就是不让你对此释怀，你快要被逼疯了。我们都会有偏见，某一想法或行动在一次经历中对你而言是有用的，于是就被保存在你的记忆中，成为你下次面临类似情况时的首选解决方案。你通常意识不到这个过程，所以你的这套操作基本上已经实现自动化，运行中不会遇到任何麻烦。当你在未来追求类似目标的时候，它能提高你的能力和效率。出于这个原因，我们的偏见网络已经深植于大脑，在你不知情的情况下运转，偏见网络的作用本应该是给你提供帮助，但有时它可能却是你的痛苦所在。

你不会过多地思考偏见是如何影响到工作决策和表现的，事实上，偏见可能会被无数个影响因素触发，包括环境、组织和文化。假设你是一位拥有核工程博士学位的女性，尽管你的背景资历很优秀，你的上司却不会推荐你晋升，因为上司此前曾因在部门中提拔了太多女性而受到批评。她知道你是这一职位的最佳人选，但她却受到之前事情的影响，倾向于把这个职位给一位资历不如你的男同事。你的上司陷入了两难的境地，公司无法接受最佳人选没有坐上这一职位，但同时他们又想做到公平。也许答案就在他们的政策中，也许他们可以找到其他方法来实现公平这一目标。

偏见也可能来自其他原因，比如国家报道的商业或政治新闻、文化、私人关系、职场动力、传统，甚至是一件物品，像我们在第八章中讨论的那样。不幸的是，你的消极偏见会使你做出对自己不利的反应，在这种偏见的影响下，你可能会以一种有害的方式去看待和回应信息、思想、人和情境，并就此开展行动，然后产生进一步的问题。想要管理那些限制你日常表现的影响因素，你必须先能识别出这些因素，然后，你才可以学习如何消除消极的偏见，如何利用积极的偏见。

如何辨别自己是否有偏见

先声明：我们都有偏见。你有没有曾经因为自己一直以来都采用了某种方法，而且这种方法在过去也行之有效，于是就主张用这种方式来做某件事？谁没有做过这样的事呢？或许，你负责了一个团体项目中的大部分主要工作，项目大获成功之后，你会发现自己现在要一直在项目中负责大部分工作。请注意，我并没有说是你在领导这个项目——你只是做了大部分的工作！那么以下这些例子又如何呢？你是否曾经在某一天的大部分时间都过得很快乐，但却因为一件小事不合心意，就认为整天都很扫兴？你是否曾经对一件事大肆指责？又或者，你刚看到某些人，就止不住地赞美他们。有些事情会在你的脑中触发，然后你就会做这些事情，这些都是带有偏见的事情，而且，如果不加以监控，这些事情会妨碍到你的工作和生活。当然，就像你的专注力系统中的其他东西一样，这些事情也可帮助提高你在一天的满意度。

有时我们的偏见很深，甚至会歪曲自己真实的感受和行为。例如，心理学家早就知道，人们在实际上喜欢甚至投票支持的，是某位政治候选人，但同时又会撒点小谎，告诉朋友或同事，他们喜欢或投票给了另一位候选人——通常是在其工作场所或社会文化中更容易为他人所接受的那一位候选人。人们甚至会根据与之交谈的人，改变自己叙述的故事，你们有没有在面对某个团体或个人的时候，以一种方式讲过一个笑话，然后面对另一个人的时候，就改变讲笑话的方式？这也是同样的道理。我们大多数人的同事都会在私底下给我们提出建议，但你知道吗，如果你认为别人跟你说的事情，是私底下的悄悄话，你就会更容易接受建议。与此相反，对于那些你知道是想左右你的建议，你通常都不会采纳。一旦你开始认为有人试图影响你的意见，你更倾向于拒绝。这也是一条双行道——也就是说，当你试图左右别人的行动时，你应该考虑这一问题。

偏见会不知不觉地，将先入为主的观念深植于你的脑海，这将影响你今后的行为和思维模式。认为有些想法比其他想法更有价值、更合理、更可靠、更健全，这是很正常的。有这种想法没有错，但别忘了，大脑是吝啬的，它们力求快速有效地行动——要消灭过多思考的需求，大脑会将解决方案固定在记忆中。下面举一个例子。

一个我认识的人，他经常重复自己从祖父那里听来的一句话："最划算的交易能给你百分之百的折扣，因为不买立省百分百。"每当我的这位熟人想强调与花钱相比，省钱更重要时，他就会说出这句话。他的头脑也预设为资金节省模式，即使他可以从更自由的消费方式中获益，他也不愿花钱。很多时候，他错过了购买所需材料或服务的机会，结果在后来，还得花更多的公司款项去购买这些东西。偏见就像是精神超级胶水，当某些细节出现时，会吸引你的专注力，让你注意不到其他细节。等他不得不进行消费时，却因此花了更多的钱。

偏见植根于十分古老的自我保护驱动力，驱使我们接受那些能加强我们当前的思想、情感和行动的信息、想法、人物和记忆。这些元素支撑着我们的世界观——但并不总是能提供有利支持。

偏见喜欢在事情出错时发挥作用。我们偏心自己和所在的"族群"，一般会认为错在对方，如果你认为自己所受威胁够大，这种认知会让你直接进入攻击模式。我的一位同事是一位精神病学家，她曾告诉我，来向她咨询如何解决冲突的人中，没有一个人觉得他们自己是问题的根源，他们总能找到理由认为这是对方的错。

偏见是我们的头脑自我保护的一种方式。在最好的情况下，偏见有时可以让你快速拒绝可能会对你或对他人有害的信息和行动，不过，它们也会使你错失对你的目标至关重要的机会。正念意识和专注力能够给你提供帮助。

试试这样做！

可视化是一种用来调整或消除偏见的高效方法，下次当你准备参加一个重要活动时，请在前一天晚上使用可视化技巧来生成一些预设。想象自己在即将发生的活动中会进行哪些行动，在画面中暂停，检查自己为什么要做出某些选择，这将暴露出正在发挥作用的偏见。当你选择采取一种行动，放弃另一种行动时，可视化会帮助检查你这样做背后的逻辑。问问自己："是否有一些看似无关的因素（可能是一种情绪）在牵引着我？这些因素是自动触发的吗？这个信息或感觉是我自己想出的，还是以别人的观点为基础发展而来的？如果这是别人的观点，那么来源是什么呢？这一来源对情况的看法是否准确、合理？是否适用于我？为什么会这样呢？我希望它对我产生影响吗？如果不希望，原因是什么？如果这是我自己的观点，在我所考察的环境中，该观点是否合理？有什么相关的想法或行动可以作为替代？"利用这些信息开始布置你的策略。

你记忆中的芯片

在某种意义上，偏见就像嵌入脑中的芯片，控制着你能从记忆文件中提取出什么信息，以及你会对记忆文件进行何种修改。但偏见也会在你试图回想起某些事情的时候扰乱你的记忆，例如，你对某件事情的记忆，有没有随着时间的推移而改变？对我来说，一个典型的例子就是"9 · 11"事件。我可以准确地记得当我看到新闻报道的时候，我在哪里，因为我做的第一件事，就是赶紧把这件事情告诉我的妻子，她当时在另一个房间里。在那时，我对当时看到景象的记忆力还算准确，但我不能确定今天我对这一事件的记忆能有多准确。就像生活中的许多其他事情一样，打个比方，我对"9 · 11"事件纯粹的感受记忆已经被媒体对"9 · 11"的多种报道（现在这些报道成了我记忆中的一部分）给污染了。关于

“9 · 11”事件，对我和大多数美国人而言，多年来我们已经看了无数次事发画面，我们从不同的角度观看这一画面，我们在不同的背景下讨论这一画面，我们对其得出许多不同的观点。我现在对这一悲剧的记忆似乎仍然清晰如初，但实事求是地说，现在的记忆可能更接近于一个不同信息的合成体，而不是我在2001年9月11日的那个周二上午实际目睹和感受到的事物。

你对某些事情的回忆为什么会有所不同，另外一个原因是你想表达的观点。打个比方，你想要表达的主题会成为一种偏见，像僵尸一样运作，组装你记忆中的其他部分，在必要的地方对叙述进行调整，使你的观点得以成型。你用自创的脚本来填补在时间线或画面上的空白，例如，如果你想证明某位同事的积极性很高，你可能会回忆起那个人曾全力以赴完成某项具体任务的形象，并用这个记忆来证明你的观点。与此相反，如果你想证明这个同事性格霸道、咄咄逼人，你可能也会回忆起同样的事件，但在对其叙述的过程中，你会用细节（无论真实与否）来填充记忆，以证明这个人在当时表现的正是那个样子。实际上，我们塑造记忆是为了服务于当下的重点。

更重要的是，某些事件的微小细节，尤其是情绪化的细节，会在多年后触发你。例如，特定香水的气味、秋天树叶的颜色、特定季节的阳光以特定角度从办公室的窗户倾泻而下的画面，或者商店里突然响起的一首歌，这些细节会毫无来由地在触发你的偏见，你接下来的想法或感觉都会受到影响。

环境细节力量十分强大，事实上，这些细节可以驱动你的专注力机制一辈子。因此，你对记忆的回想会不断受到细节偏差的影响，这些细节像操纵无人机一样操纵着你，而你也利用这些细节，为自己服务。在本章的后面，你将看到你是如何利用偏见，给自己提供巨大的能量、超强的专注力和更好的记忆力，以帮助实现日常目标。

得益于自然，你从偏见中学习并利用学到的经验教训对未来的目标做出积极调整的能力，与记忆紧密相连。当你承认一个行动——你自己或他人，甚至是虚构人物的行动——能达到一个积极结果时，你的这一理解就会存储在记忆文件中，并与之形成一系列更新后的联结，在未来类似情况下给你提供指导。因此，通过自我调节和专注力训练，可以从你的偏见触发点中学习解决问题的想法和行动，帮助实现类似的目标。你要做的，是意识到偏见在你所做事情中所起的作用，并从中学习，然后调整、消除或创建有效的更新联结，以供后用。为了做到这一点，你需要对这种可能性持开放态度。

试试这样做！

这个练习的诀窍是："当然了……不过，等一下！"以下是练习的工作原理。当你第一次面对一些冲击到你观点的信息时，你的直接反应是攻击这一信息，心里想的是，"当然了……"。你可能是对的（关于你自己的观点），对方的观点很可能是不准确或全错的，但是，请再多想一下："……不过，等一下！"事实上，对方可能是完全正确的——以一种你还没有考虑到的方式。利用这句口号作为一种轻松的提醒，提醒自己暂停并考虑对方的观点，如有必要，可以询问对方（可能不止一人），问清楚一些关于相反意见的事情。原理在于，对另一个你几乎肯定会拒绝的观点，要持开放态度。然后，利用所有可用的信息，来为你的目标选择最佳的替代方案，之后，反思从这个过程本身中可以学到什么。将积极的结果作为奖励，这将进一步削弱最初的被动偏见，能让你的新方法变得更强大，可以在下次快速地使用。

识别并消除消极的偏见

一般而言，选择风险最低的行动，这样我们就可以用更简单的方法来实现目标，这是人类天性使然。此时，记忆又再次在这一方程式中发挥作用，正如我们已经讨论过的，在事情发生后，我们会自然地更新经验联结，以重新强调甚至改变某些细节。当我们这样做时，我们倾向于减少和保存记忆中的日常事件，当作关键节点。这些节点包括冷信息（非情绪化）、暖信息（情绪化）或热信息（情绪化），以及意想不到的细节和可以学到知识的元素，让我们来看一个例子。

安东尼的同事为了搞笑，经常甩出一些讽刺性的“热”信息，安东尼自己也不止一次这样做，他很享受让他人发笑的感觉。不过，从现在开始，他将重新考虑这种行为，因为他最近在一个敏感话题上说出的讽刺话，让同事罗莉很不高兴。虽然安东尼已经陷入并参与了这种办公室里的偏见，但这件事对他来说却成了一个有学习价值的时刻——因为他主动从中发现了可以学习的东西。为了实现这一目的，他首先要克服自己的偏见冲动，不再想：“嘿——看吧，别人都在说讽刺的话！我为什么就不可以呢？再说，罗莉应该知道我那是在开玩笑。”他必须克服认为错在对方的倾向，必须想象这种偏见是如何诱发他说出并不一定能代表他为人的话，他必须要有动力去改变这一点。经过练习之后，安东尼预设了一个反对在办公室里讽刺别人的偏见，从而消除偏见中的风险因素。

因为你依赖记忆文件，所以你会自动过滤记忆，以减少你必须处理的信息量。正如我们已经讨论过的，你会填补空白、改变信息，以适应当前的观点，你会记住一些零碎的信息来佐证你的观点。于是，你会错过一些东西，有时候，你可能会发现，就像这个例子开头的安东尼一样，如果你的一个记忆环节强化自己，并参与到特定的判断错误中，那么你会搬起石头砸自己的脚。但也像安东尼一样，你有能力重新计算这些联结，并用更好的联结取代它们。你要做的，是识别并改变消极偏见，使之能服务于你的目标，而不是阻碍你的目标。

光环效应与从众效应

过度自信是一种偏见的形式，会影响我们的思维和行为。我们将事物与积极品质捆绑在一起，在有积极品质存在的地方这样做，在没有积极品质存在的地方也这样做，心理学家称之为“光环效应”。例如，你可能会在一个人身上看到一种有吸引力的品质，然后触发你去寻找其他优秀品质。如果你认为一个陌生人看起来健壮英俊，你可能会得出结论，他一定也很聪明、爱运动；如果一个小镇看起来古色古香、风景如画，你可能会得出结论，小镇上的居民是热情好客的，或者这个小镇是一个不错的居住地。

有时候，在我们的同侪或者文化群体中——包括职场和其他地方——当大多数人都对一个特定问题发表意见时，此时此刻，我们会急于参与发言。例如，如果大多数人都投票支持加薪和减少医疗保险福利，那么尽管有证据表明相反的选择可能会更有利，但我们更容易“抓住”同样的观点。这就是一种偏见形式，心理学家称之为“从众效应”（也称为乐队花车效应）。

与群体偏见类似，我们很容易就会偏心自己族群（或群体）的成员，倾向于排挤外人。问题在于，你可能会看不到其他选项的优点，同时还会忍不住寻找那些支持自己特定思维和信念的信息——即使这些信息是错误的。这种形式的偏见使你很容易受到“他们想听什么，就告诉他们什么”这种诡计的影响，例如，如果在你的团体里，都是拥护《美国宪法第二修正案》（备有及佩戴枪支的权利）的人，你很容易就会相信那些能够证明枪支管制对降低犯罪率没有多大作用的统计数字。如果你所在的团体支持实行更严格的枪支许可管制，情况则正好相反。

我们大多偏向于维持现状——我们自身的现状、我们团体的现状以及我们扩展团体的现状，大多数人都不想扰乱现状，尤其不想改变自身的立场。但讽刺的是，当我们的偏见在没有监督的情况下发挥作用时，我们和安东尼一样，可能会放任目标受到干扰，却对此毫不知情。

生而为人，我们想要维持自身的整体性，我们也有动力去这样做。因此，我们学会保持专注状态的另一种方法，是维护我们认为体现了自我价值的现状。例如：“我经营着一家成功的律师事务所”“我所代表的公司可以指望我为其提供保护和辩护”“我很有创造力”“我是一个社区领袖”。

如果我们意识到自我形象受到威胁，我们下意识地会变得充满防卫性，有时甚至会直接攻击对方，同时，我们会寻找细节，以求佐证自我形象。这种倾向被称为确认偏误，如果出现了一个潜在风险，使人们不再安逸，而必须做出调整和改变，那么一旦这些人意识到这一风险的存在，他们的防卫心就会加重。

如果你的工作有时会让你处于风险较高的决策环境中，那么确认偏误就尤其值得关注。“考虑到人们似乎十分愿意维持积极的自我认知，因此他们对此表现出防卫心，也就不足为奇。”问题是，一旦你起了防卫之心，你会更倾向于拒绝有价值的信息，你的专注力集中在维护自身的完整性上，而忽视了其他一些信息。

试想你的老板在两句赞美的话中夹杂着一句批评的话，虽然有点难度，但你可以绕过可能会悄悄影响到你的负面感受，维持自己的情绪平衡。通过肯定一个与该威胁或警告无关但又同样重要的自我价值来源，自我整体性可以得到恢复。如果你得到了肯定，那么你对信息的防备心往往会降低。你会更多地去倾听，态度也更加开放，你会更加注意控制威胁性的信息，会更多地参与其中，如若不然，你可能会拒绝接受这些信息。这一方法有助于避免出现意外和失误。

自我肯定、情绪、自尊等定向感受是相互关联的，更重要的是，这些都会成为认知，进入学习和记忆，以供使用，并且在不断使用和更新的过程中，得到进一步强化。这些认知并不能消除你的防备心，相反，偏见会在重要时刻对其施加影响，例如，不接受一些可以带来重大变化的事情。这些认知可以让你以不同的方式去感知一个特定的行为，帮助你产生积极的态度变化。

你越是肯定性格的其他方面——比如你作为艺术家、作家、音乐家、运动员等所掌握的技能——你的复原力就越强，你就给自我整体性中的“自我”赋予更多的力量。你甚至可以制作一份简历，以凸显你职业技能的力量，制作简历可以帮助你敞开心扉，更好地关注与职业相关的风险行为。这样做可以帮你避免这些风险行为，并采取更深刻、更有利于目标的行动。

试试这样做！

练习自我肯定技巧，方法在于找出你最重要的价值、确定这一价值在你身上是如何体现的、确定你做的事情和你应该做但是却没有做的事情。自我肯定可以视情况而变，比方说，你认为对你的形象而言，最重要的是你作为一个公关领导者，可以成功地打响一个公司的品牌。你可以把自我肯定练习与反思结合起来，针对你最满意的客户以及你帮助他们实现目标的方法进行反思，关注你在今后可以用来帮助客户的类似方法。

乐观偏见

一般来说，乐观偏见是一种我们认为自己不太可能遇到负面事件或认为我们所做的事情不会产生负面后果的偏见。一句美国人常说的俗话“当生活递给你柠檬时，就用这颗柠檬做柠檬水吧”，这句话将乐观偏见的一般含义叙述成了一种积极的思维方式，更具体地说，我们将乐观主义理解为是完全针对未来的，而不是针对现在或过去的经验或行动。如果你想在今后实现一个回报很大的目标，做事的动力与回报的期望有关。与你认为自己所付出努力能带来好结果的这份乐观态度相关的，包括希望得到实现这些目标后的回报、喜欢获得回报的快感，以及随后反思如何获得这份回报，以期能再做一次。得益于这种偏见的正常影响，人们可以获得巨大的成长和收获。在实现目标的阶梯上，乐观偏见可以帮助你保持专注，攻破梯子上的每一级阶梯，这是一个很好的激励循环。

知道了这点，你就要注意了。极度乐观的思维方式会让你陷入困境，这种思维会使得冒险的选择看起来很有吸引力，因为你坚信船到桥头自然直，例如，你可能会承担过多的出差任务，这不利于身体健康。同样，受到偏见影响的乐观主义，可能会扰乱你做出合理预算、开展团队合作或支持一项公司政策的能力。在工作之外，深陷这种心态的人可能会发现自己吃了太多的维生素，或者在锻炼的时候把自己逼到极致，因为他们过于乐观地认为，好事越多越好。

考虑一下以下情况，玛克辛任职于一家大公司，有一年，她的公司放出话来，说需要从她所在部门选出几个愿意参加一个证书培训项目的人。她了解到，如果她获得了证书，就可以在公司担任人力资源小型课程讲师这一新职位，如果这样，她将需要走访全国各地的分公司，为员工提供各种必要的培训课程。她的第一印象是，这听起来很费时费力，然而，在她的一生中，她一直秉持着“对于收到的礼物，不能过分挑剔”的理念，尤其是这个东西有可能让生活变得更好。因此，她接受了这个提议，“说不定会很有趣”。她想出了这个理由，决定积极地看待这件事。

培训结束后，玛克辛得到的回报是工资大幅上涨，而且上司大方地承诺，以后她的工作会更有保障。虽然玛克辛不确定自己是否要长期留在这家公司，但她又想到了一个理由，工作能够长久得到保障，这点自己确实喜欢。她的动机、期望、对未来的预估，以及她喜欢在工作上有保障，也想要有更多保障的观念，确实让她不再去寻找另外一份自己可能胜任的工作，一份可能更符合她的热情、更接近她梦想的职业。然而，她不想要就求职一事做过多的思考，也不想真的去找另一份工作——尽管这样做可能会让她获得更多的薪水和更高的职位。她对于长期工作保障的偏好，使得她只能一直担任人力资源小型课程讲师这一职位。

在接下来的几年里，玛克辛只需按照提前制订好的计划行事，她觉得这点很欣慰。她获得的回报包括更多的加薪、号称要提供更多工作保障的口头承诺以及获得升职的积极前景。然而，有一天，在没有预警的情况下，公司撤掉了她的岗位，关闭了她所在地区的所有业务，她当时就想：“我当初为什么要做这些事？”几年前，她根本不会想到自己今天竟会落得如此下场，而促使她走到这一步的所有影响因素中，她自身的偏见起了很大的作用。可以说，她的偏见背叛了她。

决定和期望总是会演变成这样吗？其实并非如此，但你需要多加注意，才能避免这种情况的出现，记住，偏见思维根植于我们的大脑。定期开展自我意识扫描，可以帮助你在某天早上醒来的时候，不会觉得自己在追逐目标和热情的道路上严重偏离了方向。你上一次觉得自己正在追随梦想，是什么时候？这个问题，是我们每个人在描绘事业和生活的蓝图时，都需要扪心自问的一个重要问题。你需要保持警觉，经常与内心的自我进行交流。

由于乐观偏见会将你的专注力引导到你期望能有所回报的具体细节上，因此它是一个强大的影响因素。正因如此，它甚至可以强过自上而下的强烈提示。让我们回到安东尼的例子，你可能还记得，他的笑话得罪了同事罗莉。部分原因是，他从一开始，就将讲一个黄色笑话所得到的瞬间回报和减轻职场压力的办法联系在了一起，因为他过于乐观地认为所有同事都能欣赏自己的幽默。这样一来，他的乐观主义取代了此前深植于他大脑中的、要避免在工作中发表攻击性言论的自我提示，所以他需要退一步审视自己，从错误中吸取教训，并有意识地改变自己的行为，消除偏见网络中的一些误导。

从积极的一面来看，健康的乐观偏见可以减轻压力，让人拥有更高的自尊心、自信心和专注状态，可以让你的精力集中，对事物保持专注。乐观偏见还能帮助你在一个有很多细节都在争夺你专注力的情况下，发现与目标相关的潜在有利信息。更重要的是，当你把偏见、偏见所带来的回报以及偏见触发点，与你在成功经验中曾经如何有效安排专注力的回忆联系起来时，三者就得以加强。每当你在未来追求类似的目标时，这将对你有所帮助，因为这种联结将作为一种预设模式成功指导你的行为，你将建立起对你有利的偏见通路。

● 当乐观主义背叛了你

一旦你的情绪系统开始影响到你的任务成就和乐观偏见机制，它就会进一步驱使你的动机朝着期待某些奖励的方向发展——就像玛克辛一样，她变得喜欢听老板的赞美，享受老板提供的支持和加薪，以及这一切给她带来的一种舒适感。这些因素组合在一起，会让你注意不到潜在的行为风险。比方说，你渴望得到你正在追求的东西，你喜欢这样东西，你有动力去追求它，你会诋毁任何与其有冲突的想法和对其不利的警告，如有必要，你还会攻击不同的想法，同时会高估结果。听起来你是全心全意想要得到这样东西，对吗？是的，没错。但是，虽然你不想屈服于抑郁和悲观——两种与乐观偏见相反的情绪——但你仍然需要注意，不能完全消除对风险的敏感度。最终，你要在乐观、积极和现实的风险意识之间取得平衡，这样你才能有效地关注和追求对你十分有利的细节信息，使你在工作和事业上更加顺利。退后一步审视自己，问问自己："是否有强有力的证据表明，可以实施另一种方法来成功地完成当前的任务或目标？如果有，我可以采取什么步骤来实施这一方法？"可以保持乐观，但要有一个兜底的计划。

从医学的角度来看，无论结果如何，保持一种积极期待结果的心态，会让你在事情发生的整个过程中以及在事情结束之时更快乐。期待能增强你的幸福感，如果没有期待，我们会很郁闷。在等待过程中的快感是很重要的，这种快感让回报显得更加丰厚。也许这就是为什么大多数人将一项有趣的活动安排在周五，而不是安排在周日，因为如果安排在周五，你在活动之后还能有所期待，而安排在周日，你能期待的只有周一的工作。不要亏待自己，享受这个过程吧。

你需要看到自己能够完成工作，并对结果持乐观态度——看到事态往好的方向发展。如果你的大脑并不期待会出现好的结果，就不会有一个警铃提醒它："这是错误的解决方案。”大脑将无法从错误中学习，也就更不可能帮你改善生活。记住，消极期望会以消极的方式塑造结果。例如，如果你认为追求另一种职业太复杂了，自己难以做到，你就会得出结论：你不应该去追求另一种职业。回想一下本书在开头所引用的关于工作满意度和人才认可度的统计数据：

- 在美国，有55%的工人表示在工作中感到压力很大。
- 有超过一半的美国工人对自己的工作不满意。
- 有82%的人觉得自己最强的才能被浪费了。

他们与工作相关的问题：

- 工人旷工、迟到和倦怠
- 生产力下降
- 工人的赔偿要求
- 员工离职率增加
- 因工作压力而产生的医疗保险费用

我最不希望看到的事情，就是你陷入这种困境。而你可以避免这种情况的发生，你可以朝着实现你的梦想迈出下一步。

优先考虑什么因素会使你更偏爱专注于某些事物，尤其是在面对重要的事情时。消除负面的影响因素，增强积极的影响因素。

★ 练习篇 ★

利用可视化技巧

利用可视化技巧，想象自己在一个你希望控制的环境中，以自我调节的方式，想象自己采取积极的行动，产生积极的偏见。在事情真正发生之前，可以经常重复锻炼可视化技巧。

利用乐观偏见影响他人

向一个特定的思维方式或行为靠近，比起惩罚，乐观能更有力地引导他人。比起你关切或担心的表情，你快乐的面孔更能引导他人向积极的动机和行为靠近。从今天开始，把自己的满足感表现出来。

暴露隐藏偏见

利用反思，检查你在特定的情况下，或者在需要做出主观判断的时候，发火的速度有多快，或者你有多快就能产生一种积极的感觉或行动。问问自己："是什么触发了我的反应？"考虑作为替代反应的选项，将每个备选方案在情景中可视化。选择最佳方案，并将其重复可视化几次，在类似事件即将发生之前，利用可视化技巧来帮助你预设反应。

第十二章

如何拥有可持续专注力

法则 12

在忙碌把你弄垮之前，让自己慢下来。

遵循能量曲线，学会自我调节与恢复。

精神疲劳是职场中常见的问题。同样，如果过度劳累的脑回路正在侵蚀你的大脑，想要睡一个好觉的愿望，很快就会变得难以实现。就像肌肉一样，不管是由积极的还是消极的激励因素驱动，这些回路都需要冷却下来。特别是当你的专注力一直在抵御压力源，并且你已经保持了长时间的专注力集中之后，更应该让脑回路冷却下来。正如本章将要讨论的那样，制定一个良好的恢复性程序，并在工作时和工作后使用这一程序，这是很重要的。

从整体主义的角度来看，每个人对专注力的恢复需求都是不同的。让我们来看两个例子，例子中的两个人用不同的方式来放松自己。

贾丝汀喜欢自己的工作，她在工作环境中适应得相当好。在公司里，她与同事们相处融洽，在工作中不会有太大的压力，也不会经常感到职业倦怠。当她晚上回家的时候，她很想放慢脚步，和家人一起吃一顿丰盛的晚餐，放松一下，睡个好觉，希望第二天醒来时精神抖擞。

相比之下，李不能真正享受自己的工作。一整天下来，他不断地被负面情绪所驱使，大脑被一阵阵的神经化学物质所累，这些化学物质加剧了李的一种冲动，让其忍不住要反复回想那些不断地出现在自己脑海中的讨厌经历。他通常认为这些情况是冲着他来的，而不会觉得情况可能正好相反。因此，在一天的工作中，他的大脑在很长时间里都充满了化学反应和情感想法。李认为，这种不间断专注于某些人和环境上的状态，会持续给他带来混乱和压力。当他晚上到家时，像贾丝汀一样，他也想和家人一起愉快地放松。但事与愿违，就像时钟一样，他又抱怨起那些他觉得让自己痛苦不堪的糟糕同事。晚餐往往很短，而且他常常得一人用餐，为了减压，他又有点喝多了，这降低了他的睡眠质量。此外，他的共情回路和社会意识回路经常能量不足，他专注力的执行功能没能控制他的活动模式，他的情绪一直在掌管着他的活动。

两个人的大脑都很疲劳，然而，每个人需要用不同的平衡方法来解放疲惫的大脑回路。对贾丝汀而言，尝试发展出一种能帮助她大脑放松的活动模式，这样做是有道理的，参与能够维持她本来就积极的观点和工作表现的活动，这样做也是明智的，她很好地印证了“继续坚持下去”这句话。她只需要重新振作起来，这样就可以保证自己一直走在良好的日常道路上。相比之下，李可能需要参加有助于改变他心理状态的活动，产生新的思维和行为模式，取代那些在全天控制他的持续消极情绪。

放松又专注的思维模式

在白天和晚上，让大脑有机会得到休息是十分重要的。在恢复和冷静中，一

整天都在高速运转的脑回路冷却下来；在专注的休息状态中，大脑开展探索。为了能够理解这个概念，你可以思考一下白日梦，你坐下来，静下心来，放松思想，让思想深深地走进过去和未来，就好像你在看电影一样。你看到自己实现了梦想，例如，成为一位成功的领导、加入你最敬佩同事的行列、在工作中游刃有余、以最佳的状态愉快地完成任务。

这种放松而又专注的思维模式，能增强你的共情通路，让你可以站在别人的角度和站在自己的角度上，看待某些日常任务和目标（你甚至可以站在一个你比较欣赏的虚拟角色的角度上，观察你的目标）。**在休息的时候，你的头脑可以发现各个情况、细节和人之间的相互关系，包括你在现实当中快速做事时不一定能看清的细节。在休息时，你的头脑往往能更清晰地将个人需求、目标和选择联系起来，当你回到任务之中时，这种思维方式也能让你更快恢复活力。于是，你能用正念捕捉这种状态，并且按照意愿随时快速进入这种状态。**

试试这样做！

我建议，每当你已经集中专注力时间太久，或者每当你开始感觉自己被困在一个想法或感觉里无法抽身的时候，就使用这个提神技巧。试着在这种思维方式固化之前控制住自己。

先要放松你的头脑，拓宽你的专注力镜头，放慢呼吸，幻想一个舒适的场景，比如，一个水面静止无波的夏日湖面，天气正暖，阳光照耀着湖面，波光粼粼。可以看看湖面上无数的倒影，但不要把你的专注力集中在其中任何一个倒影上，对任何浮现在脑海中的想法、图像或感觉，也要做到这样。承认它们的存在，但保持专注力镜头的宽度，让这些元素在脑海中飘过，随后消失不见。只要你觉得舒服自在，可以重复这一做法。

正确匹配能量

在你的头脑中、身体中，以及在你一天的时间中，精神和身体能量的变化本身就具有节奏。因此，你的专注力强度有时会随着能量的高爆发而激增，而在其他时候，则为你提供一种深沉的平静感。将能量与任务匹配起来，每项任务都有自己的独特能量需求。

当你忽视自我能量的调节时，你会给自己造成精神和身体上的压力。你消耗的能量要多于你积攒的能量，你的专注力会钝化、会疲劳，也许还会崩溃。然而，当你获得正确类型的能量时，你能够保持专注状态。事实上，当你从一个任务转换到另一个任务时，要有不同的能量，才能保持思想的无缝流动，所以在这一方面，也要有意识地调节能量，增加对任务的敏感性。

有时候，我们感觉像贾丝汀一样——情绪稳定、波澜不惊。然而，也有一些时刻，我们感觉到像李一样——被困在自己的消极模式中。当然，在这两种情况之间，还有无数种程度不尽相同的情况。为了有效地自我调节能量，并将其与任务进行适当的匹配，你应该定期后退一步，审视自我，让自己意识到自身专注力回路的状态，以及下一个任务的能量需求。一旦你确定了二者，你就可以选出我们在书中所讨论过的技巧，来帮助你实现目标。我建议你真正去练习这些技巧，你把能量和目标搭配得越合适，这些技巧就能越快地将二者联系起来，并在脑子里根深蒂固。很快，技巧便可进行到自动化的程度，也变得更加高效，为你的专注力需求提供燃料，并让你的脑回路在一天中都能保持轻松和专注。

所有改善身心方法的核心——所有提高人类精神方法的核心——是专注力。没有了专注力，我们就缺少了对自我的控制。

本章没有练习篇，取而代之的是一份日间计划和一份夜间计划，帮助你保持放松的精神和冷静的头脑。我鼓励你将这些技巧结合起来、做一些尝试、开展练习，最大限度地满足你自己独特的日常需求。每天早上，你都会觉得自己充满热情活力。记住，事情并不能总是符合你的期望，但如果你保持灵活度，保持良好联结的顺畅，你就能获得积极的结果。

● 日间计划

每隔一段时间就暂时停下工作，清空思绪。定期使用你的暂停按钮，在你过渡到下一个日常工作任务之前，后退一步，利用正念仔细评估事情。你可以只在室内进行短暂的评估，可以到户外短暂地散散步、吃吃零食，可以考虑增加一项如慢跑之类的体育活动，不必一定要待在原生态环境中。不过如果你正处于这种环境之中，我鼓励你利用这种环境，办公室里的艺术品、照片，观看网络视频和摄影照片等形式都是可以的。无论是哪种方式，你的大脑都会做出反应，恢复你的专注力和动力。如果你能布置自己的工作空间，别忘了去增强这些元素，这样做会将你从固化的思维方式和疲惫的专注力中解救出来。无论你是在户外利用真正的自然环境，还是在室内使用环境意象，任何一种都有助于减轻压力、平衡情绪、恢复专注力。仅仅是暂停一下，看看窗外的景色，都可以做到这一点。我建议在一天中经常做这种练习。

“白日梦”。让做梦成为你日常工作流程中的一部分，休息一下，想想你对未来的憧憬。放松专注力——把紧张的情绪释放出来——回顾你在过去和现在那些让你乐在其中的时刻——探索你的下一步该如何走，这样做挺有趣的，能够给予你启发和鼓舞。问问自己：“下一步会是什么样子？”从各种角度自由地审视你的答案，可以从你自己的角度出发，也可以从其他人的角度出发，考虑几条你非常喜欢、也有助于实现目标的创造性道路。像这样思考，无论是选出道路还是实现成就，二者皆是值得为之付出努力的。跳出限制的条条框框——走出舒适区——这样的思考令人兴奋。

让自己进入一种专注状态。先要重新设置自己，调整到放松的思维模式。无论你是将要感到疲劳、犯下错误，还是出现心情低落，你都需要在这条路上死死地踩下刹车。就我个人而言，我首选挖掘音乐的原始力量，选择能传达我重置这些时刻所需状态的音乐。选择一首最喜欢的歌曲，这首歌要能强调你需要听到的信息，让你找回正确的节奏。问自己这样的问题：“我即将感到倦怠，所以，我需不需要一首轻音乐来放松自己？还是说我需要一首快节奏的歌曲来刺激自己？”也许你需要一首开放、欢快的纯乐器演奏音乐，不含任何需要思考的信息，让人可以放松其中。可以考虑将三种方法全都用上，一直重复这一过程，直到你到达专注状态为止。

按摩穴位。轻柔按摩穴位可以迅速化解你的脑雾（大脑难以形成清晰思维和记忆的现象），让你回到专注状态，我最喜欢的是按摩涌泉穴。还有一些穴位在你的前臂上，排成一条直线。用你的指尖按摩这些穴位，从肘部上方约两英寸（约5厘米）处开始，从前臂顶部开始往下轻拍，然后再往上。只要稍加练习，你就会在做这个动作时感受到一条精确的穴位线，你可以在每条腿的外侧使用相同的手法。另一个能释放平静和振兴能量的穴位，位于你胸部正中。你应该会发现，用右手的指尖轻轻按摩这个部位，会感觉很清爽。你可以在听音乐前、听音乐时或听音乐后做这些按摩，以清理精神杂念、整理情绪。切记不要过度按摩。

花两分钟时间练习以指作画，在室内或室外做这个活动都很好。先放松呼吸，然后按照以下步骤开始。

- 站起来，以非常缓慢的速度用手掌沿着顺时针的方向画一个圆。画完后，左脚慢慢向前迈一步，保持左脚在前的姿势。
- 接着上一个姿势——左脚仍然向前——慢慢地用手掌沿着逆时针的方向画一个圆。画完后，右脚慢慢向前迈步。
- 心怀正念，专注于你的动作，仿佛这个动作是你此刻在世界上唯一重要的事情。
- 接着上一个姿势——右脚仍然向前——重复整个过程，从顺时针画圆圈开始。
- 一直这样画圈，每一次都调换顺序。

利用艺术。这一步类似于把音乐储存在电子设备上，你可以随时播放一首歌曲来调整你的心情。使用电子设备进行存储，方便你获得更多你想要的能量，以保持专注的思维方式。在你一天的工作中，这种做法非常适用于在战略时间点向大脑发送变革性的信息和能量。一首歌的时间过后，你可以带着充过电的身心重返工作。你的专注力会再度集中，思维再次活跃。

在有需要的时候，使用更强烈的组合。结合本书中列出的技巧——如视觉线索（图像）、听觉线索（音乐）、语言线索（文字或叙事）——给自己发送更强、更有影响力和针对性的信息。你瞄准的大脑部位越多，效果也会越强。此外，“组合”与你的目标相关度越具体，效果就越好。

● 夜间计划

用音乐放松和提神。在回家的路上，决定你需要平衡什么样的能量。你现在是处于高能量运行状态，需要让自己的能量降低一些，这样你到家后就会感到放松？还是你需要把自己的能量提升到较高的水平，来和家人一起愉快地享受夜晚惬意时光？

你可以创建一个音乐播放列表，列表里歌曲的歌词，能向你的头脑发送你所需要的确切信息，进一步定义这种让你感觉良好的能量。我把我自己的这个列表称为《回家快乐》，包括以下这些歌曲：蠢朋克乐队（Daft Punk）的《这么做就对了》（*Doin' It Right*）、诱惑乐队（Temptations）的《我的女孩》（*My Girl*）、斯莱（Sly）的《随着音乐起舞》（*Dance to the Music*）加长混音版、披头士乐队的《爱是你最需要的一切》（*All You Need Is Love*）、汤姆佩蒂与伤心人合唱团（Tom Petty and Heartbreakers）的《保留一点灵魂》（*Keep a Little Soul*）。

在环境中放松和提神。你可以通过散步或其他户外活动来放松，给自己的脑回路充电。我强烈建议在条件允许的情况下，你在下班后可以参加户外活动。

我还建议提前选好你的特殊充电活动。事实上，准备好一个备用活动也是有道理的，因为可能出于多种原因，你最后会用得上这一备用方案（例如，今天天气不好，不适合户外跑步，那你可以选择室内游泳，等等）。

这样做的道理是，走出自己的思绪，让一个经过尝试和测试后你仍然喜欢的环境，助你徜徉在干净、积极、不聚焦工作的能量流中，然后将这种能量转移到你的夜晚。

慢慢进餐，让自己心情放松、精力充电。吃更健康、更美味的食物，把专注力集中到吃这些食物的乐趣和好处上。吃一顿放松的晚餐，注意要放慢速度，如果你和朋友、伴侣或家人一起共进晚餐，让自己注意到他们对你的积极影响，把专注力集中到他们身上那些让你喜欢的特质。

在真正的对话中放松和提神。在吃晚饭的时候，进行一些真诚的交谈，或者给朋友打电话，放松地谈论任何可能出现的问题及其解决之道。有时候——或者是常常——这是找到解决方案的第一步。不要深陷于问题之中，要享受别人为帮你解决问题所提供的支持。花些时间与他人分享你的梦想，他们积极的心态会影响并鼓励你。

冥想。感受你和自己以及与所有生命的能量连接。以下是我用了几十年的冥想方法，也传授给很多人，或许你会喜欢用这种方式冥想。先放慢速度，加深呼吸。当你吸气时，大声在脑海中重复说："我在此处"，当你呼气时，重复说："此处就是现在。"接下来，将你的手放在心脏上，感受心跳的节奏。然后，让你的专注力走出你的身体，向外延伸。让专注力穿过你所在环境中的所有物质事物（例如，墙壁、树木、云朵），然后继续向外移动，穿过星辰和远方，到达最后的光亮边界，最终进入且穿过最后的黑暗。将这种思维模式保持一段时间，然后慢慢回溯自己的足迹，回到最初开始的地方。

读一本启迪人心的书。最后，在睡前，可以考虑读一些哲学或精神方面的书籍，用积极的知识来提升精神。选择一些能让你对自己、对明天、对未来感到积极的书。

了解你想在工作中获得的感受和表现，在很大程度上影响着你对自身感受的检查。有很多你意识不到的事情决定了你工作任务的状态和进展。当你追踪让你分心之事的足迹时，你可以在火花和脑回路中认识到真正的自己。当你改变自己的关注方式时，你更能接受真实的自己。你可以规划能让一些时刻、日子和星期变得更令人满意和兴奋的决定；你可以预设身心，把自己最好的状态提升到一个新层次。这个过程的奇妙之处在于，它会引导你走向有意识的转变，创造性地让自己获得大幅提升。记住，你可以选择让自己拥有好的专注力。

练习指南

你可以每次只练习12条专注力法则里的一则，一直练到这些法则在你脑中根深蒂固，并开始自然而然地发挥作用。每当出现失误和其他与工作有关的问题时，你也可以参考这些法则。找到与你的情况最相关的具体规则，重读相关章节，并使用其中列举出的工具来帮助你放松提神、重新取得平衡。

法则 1

与大脑对话。对大脑说，它应该关注你的专注力集中方式。

法则 2

意识、正念和专注力，三者各不相同。

单独运用其中一种，便可增强其他二者。

三者协调运作可延长你的专注力持续时间，为你提供更多能量。

法则 3

大脑喜欢自动触发点，它们让决策过程变得简单、快速与和谐。

你的生活也需要这些触发点，利用自动触发点，为你服务。

法则 4

训练你的大脑机制，找出和压制那些与目标无关的信息。

法则 5

向自然界中大大小小（但却十分优秀）的大脑学习。

法则 6

通过扫视调动瞬间专注力，帮助获取重要边际信息。

法则 7

制定灵活策略，延长专注力持续时间。

法则 8

看不见的东西，如果能影响到你的目标，也要对其进行管理。

法则 9

要知道在何时需要集中专注力，在何时需要打开专注力大门。

法则 10

记住黄金法则。

法则 11

发现是什么在左右你的专注力，

识别并消除消极的偏见

法则 12

在忙碌把你弄垮之前，让自己慢下来。

遵循能量曲线，学会自我调节与恢复。

词汇表

α脑电波——产生平静、警觉感的脑电波，这种感觉具有反思性，可以将专注力有选择地集中在重要信息上。

β脑电波——清醒时的脑部活动。

δ脑电波——深度无梦睡眠时的大脑活动，与催眠状态相关的频率。

θ脑电波——与深沉、放松的心理状态相关的脑电波。在这种状态下，你处于清醒和睡眠之间，有时被称为做梦者的大脑。

病理——一种或多种模式。

不和谐音——不规则或不完整的节拍、声音、和声和节奏。

初心——佛教禅宗里的一个概念（也用于整体医学和艺术），如果你想学好某样东西，你的专注力必须像新手一样单纯，心中没有偏见和负面思想，是全新的思维。

雌激素——通常是与女性相关的性激素。

催产素——脑下垂体所产生的激素。

道家——以《道德经》为基础的中国哲学思想。

独弦琴——古代的单弦原声乐器。

多巴胺——人体内让你感觉良好的激素（与狂喜的感觉有联系）。

发射——启动。

反思——事后可视化或思考刚刚发生过的场景中的细节。

非注意盲视——一个人看不到突然出现在他们视野中的新事物和意外事物的现象，专注于一件事物，可能导致你失去对另一事物的关注。

负启动——忽略或阻止某个细节，由此导致大脑随后抑制该细节。

睾丸素——雄性分泌更多的一种性激素。

工作记忆——短期内存储，像是在执行任务时，储存信息的短期仓库。

共鸣——音乐的核心元素，音符的持续时间或回响。

共情——感受他人感觉的能力，这一能力让你可以预测自己的行为会产生的后果。

光环效应——偏见的一种形式，对影响我们思想和行为的结果预估过于自信。

猴子学样神经元——指的是镜像神经元。

黄金法则——你对别人的关注，要像你希望自己能获得他人关注一样。

货币——心理和生理能量。

积极心理学——研究可以帮助个人拿出最佳表现并努力奋斗的行为

和品格的长处。

基因工程——对一个生物体遗传物质的操控。

基因组学——研究基因及其工作原理的科学。

基因组——一个生物的完整DNA。

激活——参与、触发。

僵尸特工——由克里斯托夫·科赫（Christof Koch）和弗朗西斯·克里克（Francis Crick）创造出来的术语，指的是我们经常不假思索就会做出的习惯行为，即我们在缺乏意识的情况下，做出的这些行为。

节奏——音乐的核心元素，一种模式或重复的节拍。

结合——遗传物质的传递。

鲸歌——鲸进行交流的声音模式（人类称之为歌曲）。

镜像神经元——大脑两侧的脑细胞回路。

可视化——利用心理想象或其他感官信息，观察在一个特定体验中的自己、他人或情境等的过程。

空间关系——特定空间中物体的位置和关系。

宽镜头——范围更广的专注力聚光灯。

扩大和缩小专注范围训练——扩大或缩小专注力聚光灯的做法。

乐队花车效应（也称为从众效应）——一种偏见形式，指的是一个人的观点与大多数人的观点保持一致的现象（快速同意大多数人的观点），或是因为多数人正在做某件事情，一个人也跟着去做这件事的现象。

乐观偏见——一种偏见类型，一般会让我们认为自己不太可能经历负面事件，或所做的事不会产生负面结果。

吝啬的大脑——参见认知吝啬者。

描述性细节信息——感官细节信息。

模板——行为模式。

母亲式语言——母亲（和父亲）对婴儿发出的简单而舒缓的声音。

脑电波——大脑中的电流。

脑电图（EEG）————对大脑内电活动的记录。

脑电图传感器——头皮上不同区域的电极。

内心对话——与自己进行的对话。

能量——信息赋予型力量，即掌握信息后所获得的力量。

拍子数——在一首歌里，每分钟的节拍数。

皮质醇——一种压力激素。

情商——理解自己的感受，以及对他人的感受能做到感同身受。能够自我调节情绪，从而改善生活的能力。

全局——对局势的全面理解，包括从内部和外部角度出发的理解。

人类基因组计划——以绘制出人类基因组为目标的国际研究计划。

认知——对信息的看法和理解。

认知吝啬者——大脑喜欢做出最不费力选择的倾向。

认知能量——心理能量。

扫视——很快地看某个事物一眼。

扫视信息——很快看一眼就能获得的细节信息。

社会参照——分析你所处环境中的人所散发出的提示。

神经递质——神经系统中的化学信使。

肾上腺素——由肾上腺分泌的一种应激激素。

声频——在特定时间范围内通过特定时间点的波数（例如，光、声音或电）。

事前检验——一种管理可视化技巧，可以帮助你确定某个即将做出的决策失败的潜在原因，以便你更好地主导决策制定过程。

视觉弹出——当一个视觉目标比其他目标更突出时的情况。

算法——应对某种情况的解决问题指令或准则；如果出现这种情况，那么就这样做。

提示——引导你立刻采取何种行动的内部和外部指示。

听觉流分离法——声流的分离，以感知它们在场景中的附着物。

同音异义词——发音相同，但是意义不同的词，如英语里的too、two、to。

无心——一个概念、一种技术，让你可以绕过压力、依恋和负面情绪。

希波克拉底誓言——医生宣誓的誓言，内容说明了规范的行医行为。

显著——突出、可注意到的信息。

协同性——音乐的核心元素，指的是乐曲中所有元素的协调。

心理货币——精神和情感能量。

信息赋予型力量——由信息引导力量所组成的能量的另一个名称。

选择盲区——导致人们无法准确回忆起所做选择的现象。

选择性专注力——选择我们想要关注什么信息的能力

血清素——有时可以被称为快乐激素，因为血清素可以帮助睡眠和改善心情。

压制——压缩信息的过程。

压制机制——一种过滤信息的心理机制。

摇摆舞——蜂类跳的舞蹈，可以彼此交流去到花粉丰富的花田的方向。

要点——很快或者扫视一眼就可获得的意义。

意识——超出你的专注力聚光灯范围的认知。

涌泉穴——位于脚底中心的穴位，大约位于从脚后跟到脚趾根之间的三分之二处。

窄镜头——范围狭窄、专注的专注力。

长时记忆——能长久保存的记忆。

振幅——声音的响度，声音和声波的强度。

正念——你对当下情况的参与度的能量（货币）。

专注力——一种电化学提取机制，它以某一信息为目标，把该信息带入你的工作记忆中，并将其与你存储在那里的其他信息联系起来，以创建能满足你需求的过程。

专注力聚光灯——描述注意范围及其运作方式。

执行专注力——专注力的首席执行官，有能力在瞬间克服冲动，选择更有利的选项。

专注/执行/清空/重复——专注行动、执行行动、清空头脑，再次做好准备的模式。

自动化——已实现自动的行为、触发这些行为的自动回路。

自动运行模式——你在做某个行为的时候，大脑没有在思考这一行为。

自上而下的偏见——引导专注力关注新出现的细节信息的提示。

自上而下的信息处理——基于以往的知识、经验、预期和计划进行信息处理。

自我扫描——一项专注力训练活动，以帮助你整理清点头脑中的事情。

自下而上的信息处理——在数据输入指导下的信息处理。

最后通牒博弈——经济学中常出现的一种博弈。

致　谢

我要感谢我最亲近的家人，感谢他们为完成本书所付出的精力、指导和支持。我要特别感谢我的妻子伊莱恩（Elaine），感谢她在这段旅程中展现出智慧和给予我的爱。感谢我们美丽又富有活力的女儿伊莎贝拉（Isabella）和维罗妮卡（Veronica），感谢她们的善良、美丽和安静。我们开展了许多关于人类和非人类专注力的对话，有些对话学术性较强……但有些也只是为了好玩，我们享受着在对话中一起穿越时间与空间。我感谢我的家人在我的探索过程中表现出的耐心，并与我一起享受其中的乐趣。

感谢所有和我一起练武术和太极拳的伙伴，感谢我的合伙人和同事们，感谢他们给予我的支持和兄弟姐妹般情谊。

特别感谢我的经纪人琳达·康纳（Linda Konner），感谢她对本书的深刻见解和远见，以及她在整个项目过程中所呈现出来的积极性，对生活的热爱，以及对我的鼓励。

特别感谢出版总监伊恩 · 坎贝尔（Iain Campbell）的远见与支持——如若不然，这本书就不可能出版——还要感谢他在这样一个时代，坚信本书的思想可以进入公众对话。感谢美国高级生产和运营经理米歇尔 · 苏里安内洛（Michelle Surianello），她保证了整个过程井井有条，从头到尾都十分顺利，并在必要时给我打了许多通电话和发送了许多电子邮件，以把一些问题弄清楚，还要感谢她源源不断的创造力和友善精神。感谢营销助理莎拉 · 伯克（Sarah Burke），她活力四射，积极性和创造力十足，这些对于此书的出版都是必不可少的。

我要感谢编辑部的工作人员，艾米丽 · 弗里塞拉（Emily Frisella）——编辑助理，珍妮 · 吉布斯（Jeanne Gibs）——校对，以及蕾妮 · 尼科尔斯（Renee Nicholls）——文字编辑，他们在帮助指引和打磨本书中的想法时，付出了长期的努力，本书所包含的理念，有时可能会很复杂，他们将这些想法尽可能清晰地表达出来。感谢封面设计师亚伦 · 蒙迪（Aaron Munday）设计出如此生动有趣的封面，感谢儒弗（Jouve）将文字排版成舒服的格式，感谢尼古拉斯 · 布雷利和阿歇特出版社（Nicholas Brealey and Hachette Books）的所有员工愿意相信本书，感谢很久以前我与妻子和女儿们的对话，她们的话语触动了我的内心，并产生了巨大能量，这些能量点燃了写作本书的第一个火花。

最后，我要深深感谢我的父母阿尔菲奥 · 卡迪罗（Alfio Cardillo）和约瑟芬 · 卡迪罗（Josephine Cardillo），感谢他们赐予我爱心、鼓励和生命。